Lezer, weet kansen te waarderen,
opdat zij niet gaan keren!

W Schuurman

Honsde Klumu

Kop of munt

WOUTER SCHUURMAN EN
HANS DE KLUIVER

Kop
of
munt

KANSREKENING
IN HET DAGELIJKS LEVEN

2001 Uitgeverij Bert Bakker Amsterdam

© 2001 Wouter Schuurman en Hans de Kluiver
Omslagontwerp Erik Prinsen, Venlo
ISBN 90 351 2278 x

Uitgeverij Bert Bakker is onderdeel van Uitgeverij Prometheus

Inhoud

Inleiding

In dit boek zijn puzzels en vraagstukken waarbij de kansrekening te pas komt in bonte verscheidenheid samengebracht. De bedoeling is de lezer vertrouwd te maken met zaken op het terrein van kans en toeval. Veel mensen schrikken als ze te maken krijgen met problemen op het gebied van de kansrekening. Zo hebben bijvoorbeeld occulte en andere niet-wetenschappelijke zienswijzen ter verklaring van gebeurtenissen vrij spel door een ontoereikend begrip van de invloed van de kansrekening op het dagelijks leven.

In een aantal boeken is de laatste jaren gewezen op vreemd omgaan met de kansrekening. Prachtige voorbeelden hiervan staan in het boek *Innumeracy* van de Amerikaan Paulos (zie referentie 1). Daar wordt ook een variant op het vermakelijke verhaal van de quizmaster verteld dat in de Amerikaanse en Nederlandse pers destijds tot verhitte discussies heeft geleid. Ook in dit boek wordt aan het quizmaster-probleem de nodige aandacht besteed (zie onder andere bij *De puzzels*, hoofdstuk 2).

Een beetje training in de grondregels van de kansrekening zou zeker geen kwaad kunnen. In het dagelijks beoordelen en beslissen heeft kansrekening meer invloed dan men oppervlakkig zou vermoeden. Een dramatisch voorbeeld, dat overigens in hoofdstuk 2 wordt behandeld, is hoe serieus men uitslagen van tests van een leugendetector moet nemen als men er statistische gegevens over de waarheidslievendheid van de mensen bij gaat betrekken.

Dan zijn er de toepassingen van de kansrekening als instrument van besliskunde in het dagelijks leven, bijvoorbeeld bij zakelijke transacties. Kiest men bij de financiering van een eigen huis voor een hypotheek met constante voorwaarden gedurende dertig jaar, of geeft men de voorkeur aan snelle aflossing gevolgd door speculatie via beleggen gedurende hetzelfde aantal jaren? Tevens moet men bij de beoordeling van het een of andere aflossingsschema zowel de ontwikkeling van de conjunctuur als de waardeontwikkeling van het eigen huis betrekken. Nu zal men opmerken dat dergelijke factoren niet echt bij de kansrekening thuishoren. Toch kan men er een kansrekeningprobleem van maken door de diverse mogelijkheden zelf naar redelijkheid te schatten. De uitkomst van het tweede genoemde scenario is bepaald door de kansrekening. Onbewust zal men met zulke beschouwingen meer dan eens beslissingen hebben genomen.

Een ander voorbeeld van toegepaste kansrekening waarmee men soms goede sier kan maken betreft ons weer. Als men de weersgesteldheid grofweg typeert met aantal zon-uren, bewolkingsgraad, windsterkte en -richting, hoeveelheid neerslag en temperatuur, heeft men ongeveer 60% kans om een goede voorspelling te doen als men langs zijn neus weg beweert dat 'het morgen wel weer zo'n dag zal worden' (deze bewering betekent overigens wel dat het in Nederland doorgaans niet veel langer dan twee dagen hetzelfde weer zal zijn!).

Naast voorbeelden waar waarschijnlijkheidsrekening met subjectieve factoren wordt gebruikt, bestaat er een gebied van toepassingen waarbij exacte uitspraken zijn te doen. Het betreft onder andere loterijen, dobbelspelen en diverse soorten kaartspelen. Zo kan men zijn prestaties tijdens het uitspelen bij bridge verbeteren door het toepassen van regels uit de kansrekening.

Er bestaat het sterke vermoeden dat – buiten de menselijke activiteit om – kansrekening in hoge mate de gang van grote en kleine processen in de natuur en de kosmos bepaalt. Natuurkundigen gebruiken kansrekening om processen in de natuur te modelleren en te vergelijken met de waarnemingen (bijvoorbeeld radioactiviteit).

Zoals eerder opgemerkt hebben nogal wat mensen moeite met het toepassen van kansrekening. Hun reacties hebben wellicht niet zozeer met aangeboren intelligentie te maken als wel met een impulsief reageren op een acute situatie. Nuchtere beschouwing en oefening kunnen helpen bij de ontwikkeling van het juiste oordeel. Een kleine test om een te haastig oordeel aan te tonen is het spelen van het volgende spelletje met familieleden en kennissen. Hiervoor hebt u drie even lange lucifers met rode kop nodig. U steekt een lucifer aan en dooft hem onmiddellijk weer uit. U hebt nu twee lucifers met rode kop en één met zwarte kop. Vervolgens houdt u een proefpersoon de drie lucifers voor waarbij u de drie koppen onzichtbaar tussen duim en wijsvinger hebt geklemd. U probeert de proefpersoon de lucifer met zwarte kop te laten kiezen door hem of haar het uiteinde van een van de lucifers te laten aanraken. U weet zelf welke lucifer de zwarte kop heeft en daarom bent u in staat om met de andere hand een niet door de proefpersoon aangewezen lucifer met rode kop weg te nemen en die aan de proefpersoon te tonen. Ten slotte vraagt u de proefpersoon hoe groot de kans is dat de aan het begin aangewezen lucifer een zwarte kop heeft en waarom. Als u dit toneelstukje met een groot aantal bekenden opvoert is de kans (!) groot dat meer dan de helft van hen het antwoord 50% of $^1/_2$ geeft met als argumentatie: je hebt, nu een lucifer met rode kop verdwenen is, nog één lucifer met een rode en één met een zwarte kop in de hand en dus heeft de lucifer die ik gekozen heb een kans van 50% om een zwarte kop te hebben. Interessant voor de statistiek is nu de vraag hoeveel vrienden en kennissen u na dit experiment nog over hebt. Het bovenstaande antwoord is namelijk niet goed, het juiste antwoord is $^1/_3$. Het puzzeltje is gelijkwaardig aan dat van de quizmaster in hoofdstuk 2, maar dit voorbeeld bespreken we hier om u alvast te laten invoelen waarom men zo vaak in de fout gaat en het logisch redeneren wordt geblokkeerd.

Als de deelnemer, direct nadat hij door aanraking een lucifer had gekozen, was gevraagd hoeveel kans er was dat hij een zwarte had aangewezen was het antwoord natuurlijk in overgrote meerderheid $1/3$ geweest. Dat wil zeggen dat de deelnemer vond dat in $1/3$ van vele denkbeeldige pogingen er een geblakerde lucifer zou worden aangetroffen en in $2/3$ een lucifer met rode kop. U zult dit volkomen vanzelfsprekend vinden, wellicht overbodig.

Maar nu komt de ingreep van buitenaf waardoor zovelen de kluts kwijtraken! Volgens afspraak pakt de uitdager willekeurig een rode lucifer uit één van de twee niet aangewezen posities. Realiseert u zich dat hij dat altijd kan doen omdat er twee rode koppen zijn. In het geval dat een lucifer met een rode kop op de door de proefpersoon aangewezen plaats zou zitten is er dus nog één over. En anders is er zelfs dubbele keuze. Aan de oorspronkelijke situatie op de door u gekozen positie is niets veranderd. Het antwoord moet dus zijn dat de kans op een zwarte kop $1/3$ blijft. De lezer die dit moeilijk blijft vinden wordt verwezen naar de puzzel van de quizmaster verderop in dit boek.

Aan de hand van puzzelvoorbeelden zullen in hoofdstuk 1 verschillende hulpmiddelen van de kansrekening worden behandeld, die toegepast kunnen worden bij de op die rekenregels toegesneden latere puzzels. In hoofdstuk 2 worden velerlei puzzels besproken, waarvan een aantal uit de bestaande literatuur zijn genomen en die als klassiek mogen worden beschouwd. Hoofdstuk 3 bevat wat moeilijker puzzels, speciaal voor lezers met doorzettingsvermogen. In hoofdstuk 4 volgen de uitgewerkte oplossingen van opgaven die in de loop van het boek ter oefening zijn gesteld. Hoofdstuk 5 bevat in een aantal appendices korte wiskundige inleidingen en afleidingen van meer ingewikkelde resultaten. Voor het begrip van de kansrekening is het echter niet noodzakelijk deze wiskunde te beheersen.

Wij hopen dat u even veel plezier aan de puzzels beleeft als wij aan het schrijven van dit boek.

I

Rekenregels van de kansrekening, uiteengezet aan de hand van eenvoudige voorbeelden

WAT IS KANS?

DEFINITIE TOEGELICHT MET EENVOUDIGE PUZZELS

Kansrekening houdt zich bezig met alledaagse gebeurtenissen en hun gevolgen. Gaan deze gebeurtenissen buiten de mens om dan spreekt men van (natuurlijke) *processen*. Worden ze door de mens in gang gezet dan heten ze *experimenten*. In de puzzels zullen we ons beperken tot experimenten, bijvoorbeeld het werpen met dobbelstenen en het onderzoeken van de werpresultaten. Vaak is het resultaat van een experiment niet te voorspellen, maar is over het resultaat van vele identieke experimenten wel een belangrijke uitspraak te doen. Een dergelijk experiment noemt men *stochastisch*. Kansrekening is dan de wiskundige beschrijving van stochastische experimenten of processen. Als voorbeelden noemen we roulette, dobbelen en tabellen die levensverzekeringsmaatschappijen hanteren.

In het algemeen kan een experiment verschillende resultaten opleveren. Deze resultaten $S(1)$, ..., $S(n)$ vormen de uitkomstenverzameling met $S(1)$, ... als elementen. De kansrekening voegt aan elke $S(i)$ een kans $P(i)$ toe waarmee het resultaat $S(i)$ optreedt. Daarbij gaat men uit van de volgende twee stellingen:

1 Elke kans P(i) is een getal tussen o en 1: o≤P(i)≤1.
2 De som van alle n P(i)'s is gelijk aan 1, geschreven ∑P(i) = 1.

In normaal Nederlands: het is zeker dat het experiment een van de resultaten S(i) oplevert.

Bij het gooien van een dobbelsteen is S{1, 2, 3, 4, 5, 6} en P(i) = $^1/6$ voor alle waarden van i.

De verwachtingswaarde V van een resultaat is V = ∑P(i)S(i). Voorbeeld: hoe hoog verwacht men met een dobbelsteen te gooien? Met S = {1, 2, 3, 4, 5, 6} en P(i) = $^1/6$ vindt men:

$$V = \frac{1}{6} \times 1 + \frac{1}{6} \times 2 + \frac{1}{6} \times 3 + \frac{1}{6} \times 4 + \frac{1}{6} \times 5 + \frac{1}{6} \times 6 = 3\frac{1}{2}$$

We zien dat de verwachtingswaarde niet gelijk hoeft te zijn aan een van de waarden van de uitkomstenverzameling!

Men hoort nogal eens spreken van de wet van de grote getallen. Deze wet zegt dat de gemiddelde waarde van een aantal meetresultaten naar de berekende verwachtingswaarde toegaat als het aantal experimenten naar oneindig gaat. Hoe vaker men met een dobbelsteen werpt, des te dichter zal de gemiddelde waarde der worpen bij 3$^1/2$ blijken te liggen. Deze nadering geldt ook al voor de afzonderlijke kansen, P(i), op een resultaat S(i). Hoe langer men met een dobbelsteen gooit, des te beter zal men gemiddeld in één van de zes keren een 6 werpen. Men kan de kans P(i) op een zeker resultaat S(i) van een experiment bepalen door dit experiment vele malen, N, uit te voeren. In dat geval spreekt men wel van de *a posteriori kans* en minder formeel de *zweetkans* P(i). Als het resultaat N(i) keer optreedt is de kans P(i) op het resultaat S(i) gedefinieerd als:

$$P(i) = \lim_{N \to \infty} \frac{N(i)}{N}$$

Het symbool *lim* betekent dat men het aantal experimenten N naar oneindig laat gaan. Een dergelijke kansdefinitie is in het verleden onder andere door de Duitse wiskundige R. von Mises gegeven (zie referentie 2). De bepaling van de zweetkans werkt altijd, ook als men (zoals bij een versleten dobbelsteen) de kans $P(i)$ niet van tevoren weet.

Als men $P(i)$ wel van tevoren weet, bijvoorbeeld uit symmetrie-overwegingen, spreekt men wel van de *weetkans*, of *a priori kans*, in het verleden door Laplace onderzocht.

Laplace was een eminent Frans wiskundige en een der grondleggers van de kansrekening. Toch was zijn mening dat de kansrekening uiteindelijk alleen maar gezond verstand is dat in getallen wordt uitgedrukt, onterecht.

Als de weetkans en de zweetkans bekend zijn, moeten ze vanzelfsprekend gelijk zijn.

Wanneer men de elementen kan aftellen, bijvoorbeeld 1, 2, 3, ... enzovoort bij de zeskantige dobbelsteen, spreekt men van discrete elementen en van rekenkundige kansrekening. In sommige gevallen echter zijn de elementen niet discreet, maar liggen ze in continue gebieden. Een waarschijnlijkheidselement van de uitkomstenverzameling is dan een zone van oneindig kleine afmeting. We moeten dan integreren over deze elementen (zie referentie 3). Men spreekt in deze gevallen over geometrische waarschijnlijkheidsleer. Een experimentele bepaling van het getal π en het bus-taxiprobleem (zie hoofdstuk 2), behoren tot die soort van problemen.

TWEE VOORBEELDEN MET DOBBELSTENEN

1 Als men vele malen met een kubusvormige dobbelsteen werpt en men vindt dat de kansen op het werpen van ieder aantal ogen $1/6$, is mag men stellen dat de weet- en zweetkans aan elkaar gelijk zijn en dat de dobbelsteen een perfecte kubusvorm heeft.

2 Jan en Piet werpen elk een keer met een dobbelsteen. Hoe groot is de kans dat Piet hoger dan Jan gooit? Deze vraag is eenvoudiger te beantwoorden dan het lijkt. Er zijn in de verzameling $S(i)$ nu drie elementen: Jan gooit hoger dan Piet, Piet gooit hoger dan Jan, en Jan en Piet gooien even

hoog. Het even hoog gooien heeft duidelijk een kans van $1/6$. De beide andere mogelijkheden hebben dus een totale kans van $5/6$ (axioma 2). Vanwege de symmetrie tussen Jan en Piet is Piets kans om het hoogst te gooien dus $1/2 \times 5/6 = 5/12$.

OPGAVE VOOR DE LEZER

1 *Jan, Piet en Klaas werpen ieder een keer met een dobbelsteen. Hoe groot is de kans dat Jan en Piet even hoog gooien en de worp van Klaas hoger is dan die van Jan en Piet?*

SCHOPPEN ÓF VIER
TOEPASSING VAN DE SOMREGEL IN DE KANSREKENING

Stel men heeft een gesloten pak gewone speelkaarten (52 in aantal). Men moet de vraag beantwoorden: hoe groot is de kans dat men bij trekking van één kaart een schoppenkaart aantreft of een kaart met nummer vier? De vertaling van de conditie 'of' betekent in de kansrekening toepassing van *sommatie* van de afzonderlijke kansen.

Maar hier zit nog een addertje onder het gras! Als men vraagt naar schoppen óf vier krijgt men het verkeerde antwoord als men niet zou corrigeren voor de eindige kans dat men schoppen vier zou trekken. Dat zou te veel van het goede worden, immers in de kans op het trekken van schoppen is het trekken van schoppen vier al inbegrepen. Men kan corrigeren door de kans op het trekken van schoppen vier van de som af te trekken. In concreto: de kans op schoppen is $1/4$, de kans op een vier is $1/13$ en de kans op beide (schoppen vier!) is $1/52$.

$$P(\text{schoppen óf } 4) = \frac{1}{4} + \frac{1}{13} - \frac{1}{52} = \frac{4}{13}$$

Men kan ook zeggen: er zijn dertien schoppenkaarten, waaronder de 4, en daarnaast nog drie andere 4-en, in totaal zestien kaarten die een schoppen of een 4 (of beide) zijn. De kans bij een totaal van 52 kaarten wordt dus $16/52 = 4/13$.

In veel voorbeelden in volgende hoofdstukken zullen we de somregel toegepast zien. Hier volgt deze regel nog eens in wat meer algemene, abstracte vorm. Wanneer een gebeurtenis of experiment twee verschillende resultaten R_1 en R_2 (en wellicht nog meer) kan hebben met kansen $P(R_1)$ en $P(R_2)$ is de kans $P(R_1$ of $R_2)$ dat hetzij R_1 of R_2 – of beide – optreedt gegeven door:

$$P(R_1 \text{ of } R_2) = P(R_1) + P(R_2) - P(R_1 \text{ én } R_2)$$

Daarbij wordt dus de mogelijkheid opengelaten dat R_1 en R_2 beide tegelijk optreden (kans $P(R_1$ én $R_2)$). Als R_1 en R_2 niet tegelijk kunnen optreden vervalt de correctieterm en vindt men eenvoudig:

$$P(R_1 \text{ of } R_2) = P(R_1) + P(R_2)$$

Nog een voorbeeld: de kans op het trekken van een rode kaart is gelijk aan de som van de kansen op een hartenkaart en een ruitenkaart. De laatstgenoemde kansen zijn beide $1/4$, dus de kans op een rode kaart is $1/2$.

2 *Beschouw de gehele getallen van 1 t/m 100. Stel er wordt een willekeurig getal uit deze honderd getallen gekozen. Hoe groot is de kans dat dit getal*
   a: deelbaar is door 8 of door 14?
   b: deelbaar is door 11 of door 17?

EEN SNIKHETE DAG
DE PRODUCTREGEL IN DE KANSREKENING

Laten we aannemen dat in een tropisch land de maximum dagtemperatuur alleen boven de 35 graden kan komen als de zon de gehele dag schijnt. Maar zelfs in dat geval is een temperatuur van 35 graden niet zeker. Dit hangt af van andere weersomstandigheden, er mag bijvoorbeeld geen frisse wind opsteken. Stel nu dat de kans op een hele dag zonneschijn in dat land $^1/_2$ is en stel de kans op een temperatuur boven 35 graden als de zon de hele dag schijnt op $^2/_3$, dan is de kans op een dag met een temperatuur die 35 graden bereikt gelijk aan $^1/_2 \times ^2/_3 = ^1/_3$. Dit is de productregel van de kansrekening.

Als men het volledig schijnen van de zon verschijnsel A noemt en het bereiken van een temperatuur van 35 graden verschijnsel B, dan is de algemene vorm van de productregel:

$$P(A \text{ en } B) = P(A) \times P(B/A)$$

Hierin is $P(A \text{ en } B)$ de kans dat de verschijnselen A en B beide optreden, $P(A)$ de kans op verschijnsel A, en met $P(B/A)$ geven we de kans aan dat verschijnsel B optreedt als gegeven is dat A optreedt. In het bovenstaande voorbeeld kan B alleen maar optreden als ook A optreedt, en dan kunnen we A in $P(A \text{ en } B)$ wel weglaten:

$$P(B) = P(A) \times P(B/A)$$

Het kan ook zijn dat het gebeuren van B helemaal niet afhangt van het gebeuren van A. Dan kan men de productregel vereenvoudigen tot:

$$P(A \text{ en } B) = P(A) \times P(B)$$

Een eenvoudig voorbeeld levert het tweemaal achter elkaar werpen van een dobbelsteen. Stel A is het werpen van een 1 en B is het werpen van een 2, waarbij dus $P(A) = P(B) = ^1/_6$. Dan ziet men dat de kans dat men de eerste maal een 1 gooit en de tweede maal een 2 gelijk is aan $P(1,2) = ^1/_6 \times ^1/_6 = ^1/_{36}$.

Terug naar het warme land. Het kan zijn dat een temperatuur van 35 graden niet alleen kan worden bereikt door een hele dag zonneschijn (toestand A_1), maar ook als er niet voldoende zonneschijn is, door een andere weersomstandigheid. Men kan bijvoorbeeld denken aan het optreden van een hete woestijnwind (toestand A_2). Stel dat deze A_2 een kans van $^1/_4$ heeft en dat er bij deze hete woestijnwind een kans van $^2/_3$ is dat de temperatuur oploopt tot boven 35 graden. Dan levert dat een extra kans op dat het kwik op een dag tot 35 graden stijgt van $^1/_4 \times ^2/_3 = ^1/_6$. Samen met de reeds bestaande kans van $^1/_3$ wordt dan de totale kans op zo'n warme dag $^1/_3 + ^1/_6 = ^1/_2$. De algebraische formulering wordt nu:

$$P(B) = P(A_1) \times P(B/A_1) + P(A_2) \times P(B/A_2)$$

Uiteraard is dit verder uit te breiden tot meer dan twee A's. Men kan zelfs alle elkaar uitsluitende weersomstandigheden erbij betrekken, zodat de som van alle P(A)-waarden gelijk is aan 1. Er zullen dan omstandigheden A zijn waarbij P(B/A) = 0, in ons voorbeeld zijn dat weersomstandigheden waarbij de temperatuur nooit tot 35 graden kan oplopen.

Een aardige toepassing van de productregel is het correct tossen met een onzuivere munt, gevonden door de beroemde wiskundige John von Neumann. Von Neumann was een Duits wiskundige (1903-1956) die vanwege het naziregime moest uitwijken naar de Verenigde Staten.

Bij een voetbalwedstrijd wordt vóór de aftrap met een munt getost om de speelrichtingen en de ploeg die gaat aftrappen aan te wijzen. De toss is alleen eerlijk als met een zuivere munt wordt geworpen, dat wil zeggen de kansen op kop en munt moeten beide gelijk zijn aan $^1/_2$. Wat te doen als de munt zwaar beschadigd blijkt te zijn en de arbiters geen andere munt bij zich hebben?

Het dilemma wordt opgelost door de munt tweemaal op te gooien en dit zo nodig te herhalen tot een van de worpen kop oplevert en de andere worp munt. Van tevoren heeft een van de aanvoerders gewed op kop gevolgd door munt, de andere aanvoerder op munt gevolgd door kop. Berekening met de productregel laat zien dat deze manier van tossen eerlijk is. Stel dat de kans op kop bij de onzuivere munt gelijk is aan 55% (0,55) en de kans op munt dus 45% (0,45). De kans op eerst kop en dan munt is met de productregel 0,55 × 0,45 = 0,2475. De kans op eerst munt en dan kop is 0,45 × 0,55 en dat is eveneens 0,2475. De beide aanvoerders hebben dus een volmaakt gelijke kans om de toss te winnen!

Een ander voorbeeld van de productregel waarbij gebeurtenissen gelijktijdig optreden is het volgende: in een zak zitten zes witte ballen en tien zwarte ballen. Op vier van de witte ballen staat een 1, op de overige twee witte ballen een 2. Op vier van de zwarte ballen staat een 1 en op de overige zes een 2. We schudden de ballen door elkaar en nemen blindelings een bal uit de zak. De kans op wit is dan $3/8$, de kans op zwart $5/8$. Zo is de kans op een 1: $1/2$. De kans op 2 is eveneens $1/2$. De productregel geeft nu de volgende kansen:

$$\text{Kans op witte 1 is: } \frac{3}{8} \times \frac{4}{6} = \frac{1}{4}$$

$$\text{Kans op witte 2 is: } \frac{3}{8} \times \frac{2}{6} = \frac{1}{8}$$

$$\text{Kans op zwarte 1 is: } \frac{5}{8} \times \frac{1}{5} = \frac{1}{4}$$

$$\text{Kans op zwarte 2 is: } \frac{5}{8} \times \frac{3}{5} = \frac{3}{8}$$

Als de kansen van al deze mogelijkheden worden opgeteld komt er precies 1 uit. De normalisatie is in orde. We hebben niets overgeslagen.

3 *Uit een spel kaarten selecteert men negen kaarten, namelijk de schoppen 2 t/m 10. Deze worden geschud en met de beeldzijde naar beneden op tafel uitgespreid. Eerst kiest Jan een kaart en legt deze terzijde. Daarna neemt Piet er ook een weg, waarna ze hun kaarten vergelijken. Hoe groot is de kans dat Piet een hogere kaart heeft getrokken dan Jan? Laat zien dat het vanzelfsprekende antwoord ook met de productregel is te vinden.*

4   *Bij een strandfeest wordt een schatgraverswedstrijd gehouden.*
     Op het strand zijn tien plaatsen van 1 vierkante meter afgeba-
     kend. Onder een van deze tien plaatsen is op 1 meter diepte
     een schat begraven. Tien deelnemers uit het publiek mogen
     een vierkante meter uitkiezen en daarin naar de schat gaan
     graven. Zij doen dat na elkaar, dat wil zeggen als een deelne-
     mer vergeefs gegraven heeft is de volgende aan de beurt. De
     volgorde waarin wordt gegraven is vooraf door loting bepaald.
     Bereken voor alle deelnemers de kans dat ze de schat vinden
     en doe dat zowel met als zonder de productregel. Welke deel-
     nemer heeft het beste rangnummer geloot?

HOE LANG MOET IK GEMIDDELD WERPEN OM…?

VAN KANS NAAR AANTAL. BESCHRIJVING EN TOEPASSINGEN VAN DE KANS-AANTAL-FORMALISTIEK (KAF)

Stel men heeft een volmaakt kubusvormige dobbelsteen en vraagt naar het aantal malen dat men daarmee gemiddeld moet werpen om een bepaald resultaat te bereiken, bijvoorbeeld het werpen van een 4. Het voor de hand liggende antwoord zal zijn: gemiddeld zesmaal. Dit is direct duidelijk want elk van de zes vlakken van de kubus heeft een kans van $1/6$ om te worden geworpen. En gemiddeld over een groot aantal worpen zal elk vlak één keer per zes worpen bovenkomen. In dit voorbeeld zien we duidelijk dat er verband bestaat tussen de kans op een zeker resultaat van een experiment en het gemiddelde aantal keren dat men het experiment moet uitvoeren om tot het ge-wenste resultaat te komen. Er zijn echter situaties in de kansre-kening die veel gecompliceerder zijn. Een voorbeeld (dat we nog zullen behandelen) betreft weer het werpen met een dob-belsteen, maar nu dobbelt men niet door tot een enkele worp een bepaald resultaat oplevert, maar gaat men door tot twee achtereenvolgende worpen aan een vooraf gestelde voorwaarde voldoen (bijvoorbeeld tweemaal achter elkaar een 6). Deze kop-peling tussen twee worpen maakt de overgang van een kans naar een gemiddeld aantal moeilijker.

Een proefondervindelijke benadering van het probleem gaat als volgt. Stel men doet een aantal malen achter elkaar hetzelfde experiment met het oog op het bereiken van een vooraf gewenst resultaat. Als eenvoudig voorbeeld nemen we weer het werpen met een dobbelsteen. We gaan daar net zo lang mee door tot uiteindelijk een 4 is geworpen. Deze reeks van worpen zal men zeer vaak moeten herhalen om te kunnen bepalen hoeveel worpen men *gemiddeld* nodig heeft. Men noteert daarom na iedere geworpen 4 het aantal worpen in de reeks dat nodig was om de 4 te werpen, en begint hierna aan een nieuwe reeks worpen. Zo gaat men lange tijd door, ook met noteren, en krijgt uiteindelijk een zeer lange rij van N getallen die aangeeft 'hoe lang het steeds heeft geduurd' totdat een 4 werd geworpen. Om nu het gemiddelde aantal worpen dat nodig is om tot een 4 te komen te berekenen, telt men alle N getallen in de rij bij elkaar op en deelt het totaal door N.

Dit lange verhaal over het experimenteel bepalen van een gemiddeld aantal is verteld om de laatste stap, die de *pointe* vormt, begrijpelijk te maken. Voordat men de N getallen optelt, gaat men deze eerst rangschikken. Men zet alle getallen 1, hun aantal N(1), voorop. Dan zoekt men alle getallen 2 met aantal N(2) op, enzovoort. Ten slotte telt men alle getallen weer op. Op deze manier kan men het gezochte gemiddelde aantal worpen dat nodig is om een 4 te gooien schrijven als:

$$\frac{1 \times N(1) + 2 \times N(2) + \ldots}{N}$$

Maar deze vorm is ook eenvoudiger te schrijven want $N(1)/N$, het relatieve aantal keren dat men al bij de eerste worp een 4 gooit, is de definitie van de kans $P(1)$ dat men al bij de eerste worp een 4 gooit. Dit laatste geldt op dezelfde manier voor $N(2)$, $N(3)$ en volgende. Zo vindt men ten slotte een elegante formule voor het gemiddelde aantal identieke experimenten (dobbelsteenworpen) nodig om een gewenst resultaat (het werpen van een 4) te bereiken:

$$n = \sum i P(i)$$

waarin P(i) de kans is dat het gewenste resultaat voor het eerst bij het i-de experiment optreedt.

In appendix 2 laten we zien dat voor het 4 gooien met een dobbelsteen de reeks de uitkomst n = 6 geeft (zoals reeds vermoed). Bij ingewikkelde kansproblemen is het gebruik van de reeks voor n met zijn oneindig aantal termen onpraktisch. Gelukkig is er een zeer praktische methode om de kans op een gewenst resultaat van een experiment en het gemiddelde aantal experimenten dat voor dit gewenste resultaat nodig is, met elkaar te verbinden. De methode gebruikt een formule (of meer dan een) die de vorm heeft van wat men in de wiskunde een *recursierelatie* noemt. Dit betekent dat in de relatie een grootheid meer dan eenmaal voorkomt, maar steeds in verschillende gedaante. In ons geval is die grootheid een aantal en we noemen de betreffende formule(s) de Kans-Aantal-Formule(s), voortaan afgekort met KAF.

VOORBEELD 1

Hoe lang duurt het gemiddeld om met een dobbelsteen een 4 te werpen? We weten dit aantal langzamerhand al, maar we stellen het nu voor door de letter x, zoals in de algebra. We werpen nu de dobbelsteen voor de eerste keer. De kans dat we onmiddellijk een 4 gooien is $^1/6$. De kans dat de 4 niet optreedt is $^5/6$. Nu volgt de belangrijke (recursieve!) stap: in dat geval is de worp 'voor niets' geweest, en we moeten opnieuw gemiddeld x keer werpen om een 4 te zien verschijnen! Vanaf het begin geteld duurt het dan x + 1 worpen. De KAF zegt dan:

$$x = \frac{1}{6} \times 1 + \frac{5}{6} \times (x + 1)$$

waaruit volgt x = 6. We zien het recursieve in de formule: de onbekende x komt tweemaal voor in verschillende werkzaamheid.

Om verder vertrouwd te raken met de KAF volgt nu een iets moeilijker voorbeeld. Iemand werpt met een dobbelsteen net zo lang tot hij twee keer achter elkaar een 6 gooit. Hoe lang zal dat werpen gemiddeld duren?

De KAF wordt in dit geval de lineaire vergelijking met één onbekende:

$$x = \frac{5}{6} \times (x + 1) + \frac{1}{6} \times \left[\frac{1}{6} \times 2 + \frac{5}{6} \times (x + 2) \right]$$

TOELICHTING BIJ DEZE FORMULE

x in het linkerlid is de gevraagde gemiddelde werpduur. In de eerste term rechts staat dat er een kans van $5/6$ is dat niet met een 6 begonnen wordt waarna opnieuw x maal moet worden geworpen, totaal aantal worpen dus x + 1. Tweede term rechts: als wel een 6 bij de eerste worp verschijnt (kans $1/6$) is de kans wederom $1/6$ dat de tweede worp ook een 6 geeft en dan is de werper na twee worpen klaar. Laatste term rechts: wordt na de eerste 6 niet met een tweede 6 vervolgd (kans hierop $5/6$), dan zijn daarna gemiddeld weer x worpen vereist, in totaal dus x + 2.

Omdat de kans om tweemaal achter elkaar een 6 te gooien gelijk is aan $1/36$ zou men kunnen verwachten dat de uitkomst 36 zal zijn. Enigszins verrassend is de juiste uitkomst van bovenstaande vergelijking x = 42. Men moet dus langer werpen dan verwacht! Dit kan als volgt nader worden toegelicht. Over een 6 werpen doet men gemiddeld zes worpen. Dit stellen we symbolisch voor door het verschijnen van de 6 uit te stellen tot alle andere werpresultaten zijn geweest: 1-2-3-4-5-6. De 6 wordt zo de zesde worp. Dezelfde werkwijze volgen we nu bij het tweemaal achter elkaar verschijnen van een 6, dit wordt zo lang mogelijk uitgesteld. Eerst moet de eerste van de twee 6-en worden geworpen: 1-2-3-4-5-6-1, maar zie, er is geen tweede 6 op gevolgd. Er is nu zevenmaal geworpen. We gaan nu opnieuw proberen de eerste 6 te werpen met het eerste vervolg 1-2-3-4-5-6-2, maar na deze zeven worpen is er nog steeds geen 6-6. Zo gaan we door tot de zesde serie van zeven worpen: 1-2-3-4-5-6-6, waar bij de 42-ste worp eindelijk het doel is bereikt. We komen in hoofdstuk 2 op dit probleem terug.

Het derde en laatste voorbeeld is verwant met het vorige. Weer werpt men een aantal malen met een dobbelsteen en let steeds op twee opeenvolgende worpen. Het gewenste resultaat bestaat ditmaal niet uit twee gelijke worpen zoals 6-6, maar we verlangen dat de eerste worp een 6 is en de tweede een 5. Hoeveel worpen zal men daar gemiddeld voor nodig hebben?

Voor het antwoord stellen we het gevraagde gemiddelde aantal worpen weer gelijk aan x. Het gemiddelde aantal worpen dat nog nodig is nadat men een 6 heeft geworpen, wordt gelijk aan y gesteld. Dan is:

$$x = \frac{5}{6} \times (x + 1) + \frac{1}{6} \times (y + 1)$$

$$y = \frac{4}{6} \times (x + 1) + \frac{1}{6} \times (y + 1) + \frac{1}{6} \times 1$$

TOELICHTING BIJ DE EERSTE FORMULE

In $5/6$ van de gevallen is de eerste worp geen 6. Daarna moet opnieuw gemiddeld x maal worden geworpen, in totaal dus gemiddeld x + 1 maal. Is de eerste worp een 6 (kans $1/6$) dan wordt gemiddeld nog y maal geworpen. Met de eerste worp meegerekend wordt dan de totale duur gemiddeld y + 1 worpen.

TOELICHTING BIJ DE TWEEDE FORMULE

Het linkerlid, y, stelt het gemiddelde aantal worpen voor dat nodig is voor 6-5 nadat een 6, een gedeeltelijk succes dus, is geworpen. Eerste term van het rechterlid: in $4/6$ van de gevallen is de eerste worp na de 6 geen 5 of 6, waarna weer gemiddeld x maal moet worden geworpen. Met die eerste worp mee moet dan gemiddeld weer x + 1 maal worden geworpen. Tweede term van het rechterlid: met een kans van $1/6$ wordt na de 6 weer een 6 geworpen. Het gemiddelde aantal benodigde worpen blijft dan y en met die voorafgaande 6 meegerekend y + 1. Derde term van het rechterlid: met een kans van $1/6$ wordt na de 6 een 5 geworpen en is het einddoel na de 6 in één worp bereikt.

De oplossing van de twee vergelijkingen voor x en y is: $x = 36$ en $y = 30$. Het gevonden aantal worpen is minder dan de 42 in het vorige voorbeeld en dit is kwalitatief begrijpelijk. Als men 6-5 wil werpen is, zodra men een 6 werpt, de volgende worp in vier van de zes gevallen fataal voor de rij, zodat men opnieuw moet beginnen. In één geval is de volgende worp succesvol, 5, en in één geval werpt men weer een 6 en blijft de kans op een succesvolle 5 nog steeds $1/6$. Als men echter 6-6 wil werpen, is na de eerste 6 de volgende worp in vijf van de zes gevallen fataal. Daarom zal 6-6 werpen gemiddeld langer duren dan 6-5 werpen!

In het volgende hoofdstuk zal de KAF vele malen worden toegepast.

TAFELSCHIKKINGEN EN KAARTVERDELINGEN
DE ROL VAN DE COMBINATORIEK IN DE KANSREKENING

Zoals we hebben besproken, is een kans gedefinieerd als de verhouding van een aantal gewenste uitkomsten van een experiment tot het totale aantal experimenten. We hebben wat voorbeelden gezien, zoals het werpen met een dobbelsteen en het trekken van speelkaarten. In de praktijk van het bepalen van een kans komt men nogal eens wat ingewikkelder situaties tegen. Als men de mogelijke uitkomsten en waarschijnlijkheden van een proefneming kent wordt er vaak gevraagd naar de kans dat een *combinatie* van mogelijke uitkomsten optreedt. Het is daarom nuttig enkele beginselen van wat men *combinatierekening* of *combinatoriek* noemt te bespreken (zie ook appendix 1c). We doen dit hier aan de hand van een voorbeeld. Wij stellen ons voor dat in een zaal een vergadering wordt gehouden aan een langwerpige, rechthoekige tafel. We letten alleen op de ene van de twee lange zijden van de tafel, waaraan zes stoelen gereedstaan. Er zijn ook zes deelnemers aan de bijeenkomst, die op deze stoelen gaan plaatsnemen. De eerste vraag is: op hoeveel verschillende manieren kunnen we de zes personen over de stoelen verdelen?

De eerste persoon kan kiezen tussen zes plaatsen, de tweede nog maar uit vijf, maar dat geeft al $6 \times 5 = 30$ manieren waarop de twee personen kunnen plaatsnemen. De derde persoon kan nog uit vier stoelen kiezen, enzovoort. Het totale aantal mogelijke rangschikkingen is dus $6 \times 5 \times 4 \times 3 \times 2 \times 1 = 720$. Het lange product kort men gemakshalve af met 6! (spreek uit '6 faculteit'), zodat $6! = 720$. In het algemene geval van n personen schrijft men $1 \times 2 \times 3 \times ... \times n = n!$ We noemen n! het aantal *permutaties* van n objecten. Het aantal permutaties van 6 is dus 720.

Vervolgens maken we het wat gezelliger en nemen aan dat er drie mannen en drie vrouwen zijn die nu om en om aan tafel gaan zitten, dus man-vrouw-man-vrouw-man-vrouw, of eenzelfde rij maar dan beginnend met een vrouw. Op hoeveel manieren kan men om en om gaan zitten? Er zijn nu drie vaste plaatsen voor de mannen. Voor de vrouwen geldt hetzelfde, en dan kunnen we zoals gezegd de mannen en de vrouwen nog verwisselen. Het totale aantal manieren om te gaan zitten wordt daarmee $2 \times 3! \times 3! = 72$. Nu slaan we de brug naar de kansrekening en vragen: hoe groot is de kans dat bij willekeurig plaatsnemen van de drie mannen en vrouwen deze om en om blijken te zitten? Het antwoord volgt onmiddellijk uit het voorafgaande: die kans is $(2 \times 3! \times 3!)/6! = {}^{72}/_{720}$, of 10%. In het algemene geval van n mannen en n vrouwen is de betreffende kans $2 \times (n!) \times (n!)/(2n!)$.

We gaan weer een stap verder en stellen ons voor dat de drie mannen en vrouwen aan de tafel zitten. We willen nu aan twee van de zes personen verzoeken om op te staan. Op hoeveel manieren kunnen we deze personen uitkiezen?

Het antwoord is niet moeilijk: de eerste persoon kunnen we op zes manieren kiezen en de tweede maal hebben we nog de keus uit vijf personen. Dat zijn in eerste instantie $6 \times 5 = 30$ manieren, maar omdat de volgorde van de twee keuzes er niet toe doet moeten we nog door twee delen en dan komen we op $(5 \times 6)/(1 \times 2) = 15$ manieren. Door teller en noemer met $4! = 24$ te vermenigvuldigen zien we dat deze 15 te schrijven is als $6!/2!4!$. Weer heeft men de behoefte gehad deze breuk korter te schrijven en wel als $\binom{6}{2}$, uit te spreken als '6 over 2'. Men zegt dat 15 het aantal *combinaties* is van 2 uit 6. Opmerking: het lijkt alsof men eenvoudiger $(5 \times 6)/2$ kan blijven schrijven in plaats van $6!/(2!4!)$, maar dit is maar schijn. In combinatorische berekeningen komen vaak coëfficiënten als $6!/(2!4!)$ voor, waarmee men betrekkelijk gemakkelijk kan rekenen. Pas achteraf, als men de uitkomst 15 wil bepalen, constateert men dat $6!/4! = 5 \times 6$. Algemeen: het aantal manieren om uit n personen er i te kiezen wordt gegeven door 'n over i', dat is $\binom{n}{i} = n!/i!(n-i)!$ (appendix 1c). Aan het kiezen van twee van de zes gezeten personen kunnen we ook de voorwaarde verbinden dat het twee mannen moeten zijn. Er kan slechts worden gekozen uit de drie mannen en dat kan dus op $\binom{3}{2} = 3$ manieren. Opnieuw passen we de kansrekening toe: de kans dat bij het willekeurig uitkiezen van twee personen deze beiden van het mannelijk geslacht blijken te zijn is $3/15 = 20\%$. Dit resultaat is ook rechtstreeks met kansrekening af te leiden. De kans dat de eerste gekozen persoon een man is, is $3/6 = 1/2$. Er blijven dan vijf personen, onder wie twee mannen, over zodat de kans dat de tweede gekozen persoon ook een man is, $2/5$ is. Met de productregel zien we weer dat de kans op twee mannen $1/2 \times 2/5 = 1/5$ wordt.

OPGAVE VOOR DE LEZER

5 *Aan de tafel zitten weer drie mannen en drie vrouwen. Er worden nu willekeurig drie personen aangewezen. Bepaal hierbij de kansen op drie mannen, op twee mannen en één vrouw, op één man en twee vrouwen en op drie vrouwen.*

EEN VOORBEELD MET SPEELKAARTEN

Stel men heeft een pak van 52 speelkaarten. De vraag kan zijn: hoeveel verschillende volgorden van kaarten zijn er? Het antwoord is 52!, een buitengewoon groot getal. In appendix 1c wordt een formule gegeven (de formule van

Stirling) die een goede benadering voor de faculteiten van grote getallen is. Bovendien kunnen met huidige computers dergelijke berekeningen gemakkelijk uitgevoerd worden. We kunnen nu ook de vraag beantwoorden hoeveel verschillende bridgehanden er aan één speler zijn uit te delen. Het antwoord is het aantal combinaties van dertien kaarten uit het complete spel van 52 kaarten:

$$\binom{52}{13} = \frac{52!}{13! \times 39!} \approx 6{,}3 \times 10^{11} \; handen$$

De kans om één van die handen te krijgen wordt volgens de definitie van kans gegeven door:

$$P \approx \frac{1}{6{,}3 \times 10^{11}} \approx 1{,}6 \times 10^{-12}$$

Hier volgt een laatste puzzeltje, waarin combinatoriek een rol speelt. Een etage van een vierkant gebouw bestaat uit vier kamers die door deuren in de wanden met elkaar zijn verbonden (zie figuur 1).

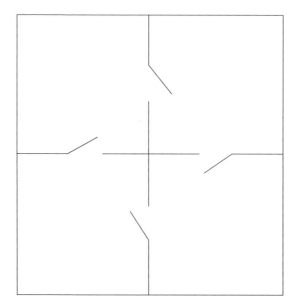

Figuur 1

Iemand vraagt aan de huiseigenaar twee van deze vier kamers te huur, het doet er niet toe welke twee. De eigenaar gaat akkoord en kiest willekeurig twee kamers uit. Hoe groot is de kans dat de huurder van de ene kamer naar de andere kan gaan zonder eerst een ongehuurde kamer te moeten betreden?

OPLOSSING

De huiseigenaar kan de twee kamers op $\binom{4}{2}$ manieren kiezen. Twee aansluitende kamers kunnen op vier manieren worden gekozen, namelijk twee horizontaal naast elkaar gelegen kamers op twee manieren en twee verticaal naast elkaar gelegen kamers eveneens op twee manieren. De gevraagde kans (aantal gewenste mogelijkheden/totale aantal mogelijkheden) is dus $4/6 = {}^2/_3$.

OPGAVE VOOR DE LEZER

6 *Stel dat de etage bestaat uit negen kamers, gerangschikt in drie rijen van drie. Iemand wil nu drie kamers huren en krijgt van de negen kamers er op willekeurige manier drie toegewezen. Hoe groot is de kans dat de huurder door de drie kamers kan lopen zonder een niet gehuurde kamer te moeten betreden?*

ZIEKTE ONDER DE KONIJNEN
DE INVLOED VAN INFORMATIE VOORAF OP KANSEN
HET THEOREMA VAN BAYES

In een niet nader te noemen land wonen veel konijnenliefhebbers. Er heerst echter al geruime tijd droefheid onder hen. Een stationair blijvende 1% van de tamme konijnen wordt na het derde levensjaar door een geheimzinnige dodelijke ziekte getroffen. Na een korte agressieve periode, die aan de ziekte de naam konijnsdolheid heeft gegeven, sterven de dieren. Na veel speurwerk kan de wetenschap twee successen melden. Proefnemingen met allerlei medicamenten hebben geleid tot de ontdekking van een geneesmiddel. Het kan veel zieke dieren genezen, maar helaas blijkt het middel de gezondheid te schaden van dieren die de ziekte niet onder de leden hebben. Het is dus zaak een test te ontwikkelen die bij ieder individueel proefkonijn kan bepalen of bij het dier na een incubatietijd van één jaar de konijnsdolheid zal optreden. Het tweede succes bestaat hieruit dat men er inderdaad in slaagt een dergelijke test te ontwikkelen, en wel met een betrouwbaarheid van 90%. Dit laatste betekent hier dat 90% van de tests op gezonde dieren aangeeft dat de dieren gezond zijn, terwijl ook 90% van de tests op toekomstig zieke dieren wijst op de daadwerkelijke openbaring van de ziekte. (Medisch gezien zijn deze veronderstellingen, namelijk een test die identieke percentages – 90% – voor zowel ziek- als gezondbevinden zou aangeven, in het algemeen niet correct. Maar we nemen hier één percentage voor de eenvoud.) Dit testpercentage lijkt voldoende hoog om voortaan te kunnen beslissen welke dieren met het geneesmiddel moeten worden behandeld. Maar is dat zo als men zich realiseert dat slechts 1% van de konijnen de ziekte onder de leden heeft?

We zullen deze vraag nu behandelen als een toepassing van het *theorema van Bayes*, dat al in 1763 werd geformuleerd door de Engelse dominee Bayes. Het helpt ons kansen te bepalen voor het optreden van gebeurtenissen of verschijnselen waarover we al separate en onafhankelijke informatie tot onze beschikking hebben. In het geval van de konijnenziekte is bij een positieve uitslag van de test (dier lijkt besmet) de kans dat het dier echt ziek zal worden veel minder dan 90%. Dit komt omdat 99% van de dieren gezond is, waardoor het aantal gezonde proefdieren dat ten onrechte besmet lijkt veel groter blijkt te zijn dan het aantal dieren dat terecht besmet wordt bevonden. Hoe ziet dat er nu kwantitatief uit? Op de gezochte kans dat een dier met positief testresultaat inderdaad ziek wordt, passen we de definitie van kans toe. Stel er worden N konijnen getest. De kans is dan gelijk aan een breuk met in de teller het aantal dieren dat positief blijkt te zijn en inderdaad ziek wordt. In de noemer staat het totale aantal dieren dat positief blijkt te zijn, zieke én gezonde. Teller en noemer zijn evenredig met N, zodat N kan worden weggelaten. De teller wordt dan volgens de productregel gelijk aan 0,01 × 0,9, namelijk de kans op ziekte maal de kans op positieve test als het dier besmet is. In de noemer wordt ditzelfde bedrag opgeteld bij de kans dat een gezond dier ten onrechte besmet wordt bevonden. Deze laatste kans is, weer volgens de productregel, gelijk aan 0,99 × 0,1, namelijk de kans op gezond zijn maal de kans op positieve test als het dier desondanks gezond is. Voor de gezochte kans vinden we dus:

$$\frac{0,9 \times 0,01}{0,9 \times 0,01 + 0,1 \times 0,99} = \frac{1}{12} \approx 0,083 \ (of\ 8,3\%)$$

Bovenstaande kwalitatieve verwachting komt uit: het gevonden percentage is teleurstellend laag.

Dit was een toepassing van het theorema van Bayes bij de beoordeling van de kans dat een bepaalde hypothese, H, (hier het ziek worden van het proefkonijn) juist is wanneer een bepaald feit – of evidentie E – is vastgesteld. E is hier de positieve uitslag van de test op konijnsdolheid. We gaan nu een aantal kansen formuleren die als factoren optreden in het theorema van Bayes. Zo is $P(H)$ de kans dat hypothese H juist is. In het konijnenvoorbeeld is $P(H)$ de kans dat het proefkonijn konijnsdolheid krijgt vóór er een test is gedaan. $P(H) = 0,01$ (1%). $P(E/H)$ is de kans dat de evidentie (in ons voorbeeld de positieve uitslag van de test) wordt waargenomen indien de hypothese (*incubatie*) juist is. In het voorbeeld: $P(E/H) = 0,9$ (90%). (De kans op een positieve uitslag bij een besmet konijn.) Dan is er een kans $P(H/E)$ dat de hypothese H juist is als de evidentie E zich voordoet. In het konijnenvoorbeeld is dit de kans dat een konijn ziek wordt nadat het een positieve test heeft vertoond. Dit is de onbekende met de regel van Bayes te bepalen kans. Ten slotte is er een factor $P(E)$. Dit is de kans op een evidentie zonder wetenschap over het al of niet juist zijn van de hypothese. In het konijnenvoorbeeld is $P(E)$) de kans op een positieve uitslag van een willekeurig proefkonijn: 0,9 × 0,01 (geïncubeerde konijnen) + 0,1 × 0,99 (ten onrechte besmet gevonden konijnen). We hebben hier de twee (complementaire) hypothesen, H_1(besmet) en H_2(niet-besmet) gebruikt. Voor twee mogelijke hypothesen is $P(E)$ in formulevorm dus:

$$P(E) = P(E/H_1) \times P(H_1) + P(E/H_2) \times P(H_2)$$

In het algemene geval van het theorema van Bayes kunnen er meerdere, alternatieve hypothesen optreden, H_1, H_2, ..., H_n. Voor iedere hypothese H_i is er een bijbehorende kans op evidentie $P(E/H_i)$. De formulering van $P(E)$ is dan:

$$P(E) = P(E/H_1) \times P(H_1) + ... + P(E/H_n) \times P(H_n)$$

Zodra men $P(E)$ met deze hulpregel heeft gevonden bepaalt men de gezochte $P(H/E)$ met het volgende theorema van Bayes:

$$P(H_i/E) = \frac{P(H_i) \times P(E/H_i)}{P(E)}$$

waarbij i een van de hypothesen 1, ..., N kan zijn.

In het geval van de konijnsdolheid heeft het theorema voor de hypothese *incubatie* (H_1) de volgende vorm:

$$P(H_1/E) = \frac{P(E/H_1) \times P(H_1)}{P(E/H_1) \times P(H_1) + P(E/H_2) \times P(H_2)}$$

We hebben de numerieke uitkomst voor dit geval in het voorgaande uitvoerig besproken. Het theorema van Bayes stelt ons dus in staat de invloed van de onvolmaaktheid van testmethodes op de betrouwbaarheid van het resultaat te beoordelen.

7 Als men voortaan met zeer vaak uitvoeren van de test de populatie van toekomstig zieke konijnen wil bepalen, welk percentage zal men dan vinden?

8 Hoe groot moet de betrouwbaarheid van de test worden om een kans van 99% te hebben dat bij positief resultaat van de test het dier ook werkelijk ziek wordt?

We zullen in hoofdstuk 2 nog enkele puzzels tegenkomen die met behulp van het theorema van Bayes kunnen worden opgelost. Ook de puzzel van de quizmaster en aanverwante puzzels kunnen met dit theorema worden opgelost. Maar we zullen zien dat de oplossing ook op een eenvoudiger manier kan worden gevonden.

EEN ONVERSLAANBAAR GROOT SLEM SCHOPPEN

HET BEGINSEL VAN INCLUSIE EN EXCLUSIE

Bij het bridgespel is de kans om een hand met dertien schoppenkaarten te krijgen uiterst klein. Maar hoe klein is die kans eigenlijk? Aan het eind van dit deel van hoofdstuk 1 is deze puzzel opgelost.

Wat is gemakkelijker dan tellen? Inderdaad leren we al heel vroeg in ons leven te tellen. Maar er zijn omstandigheden waaronder tellen al knap moeilijk kan zijn. Om daar een indruk van te geven kiezen we een nog relatief simpel voorbeeld. Hoeveel speelkaarten zijn er in een normaal spel van 52 stuks die geen harten zijn en ook geen 4? We tellen de drie andere kleuren schoppen, ruiten en klaveren, dat zijn 3 x 13 = 39 kaarten. Maar daarvan mogen we de 4-en niet meetellen, dus het telresultaat wordt 39 − 3 = 36 kaarten. We kunnen ook op een andere manier tellen. We mogen geen harten tellen en ook geen 4-en en komen in eerste instantie op een totaal van 52 − 13 − 4 = 35 kaarten. Op het laatste moment ontdekken we dat we harten 4 een keer te veel hebben afgetrokken en komen we uiteindelijk weer op 35 + 1 = 36 kaarten. Er is hier een link met de kansrekening: de kans dat een willekeurig getrokken kaart geen harten is en ook geen 4 wordt $^{36}/_{52} = {}^9/_{13}$.

De kaarten werden hier maar naar twee eigenschappen onderscheiden, de kleur (schoppen, harten, ruiten en klaveren) en de waarde (2 t/m aas). Bovendien was het totale aantal kaarten niet erg groot. Als het aantal te tellen objecten wel groot wordt en vooral als het aantal eigenschappen waarnaar ze worden ingedeeld groter wordt, dreigt het tellen van objecten met een bepaalde combinatie van eigenschappen (of het ontbreken daarvan) al snel heel lastig te worden. Daarbij is het opmerkelijk dat de tweede telmethode in ons bovenstaande voorbeeld (die verraderlijker lijkt dan de eerste) in de meer gecompliceerde gevallen verre de voorkeur gaat genieten. Het is de methode van het beginsel van inclusie en exclusie.

We nemen nog eens het voorbeeld van de speelkaarten en geven de stand van zaken weer in een diagram, genoemd naar de 'uitvinder' ervan, Venn.

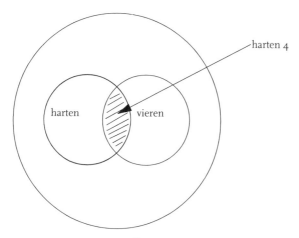

Figuur 2

De 52 speelkaarten bevinden zich binnen de buitencirkel van figuur 2. De hartenkaarten zitten in de linker van de twee kleinere cirkels en de 4-en in de rechter binnencirkel. Het gemeenschappelijke deel van de twee kleine cirkels stelt dan harten 4 voor. Het gevraagde aantal kaarten dat geen harten is en ook geen 4 wordt voorgesteld door het gebied binnen de buitenste cirkel dat tevens buiten de twee elkaar overlappende cirkels ligt. Figuur 2 laat nu heel duidelijk zien dat het gezochte gebied gevonden wordt door van het totale gebied het hartengebied en het 4-en gebied af te trekken en het overlapgebied er vervolgens weer bij op te tellen.

We gaan door met het bekijken van een Venndiagram waarbij objecten naar drie eigenschappen in plaats van twee worden onderscheiden (zie figuur 3).

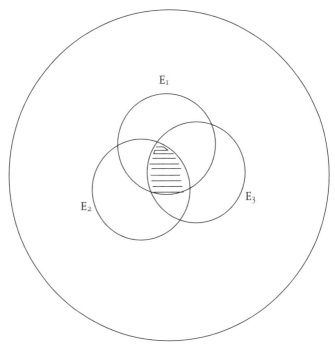

Figuur 3

We willen nu het aantal objecten tellen dat geen van de drie eigenschappen bezit. Die objecten bevinden zich weer in het
gebied tussen de grote cirkel en de drie kleinere cirkels. We beginnen opnieuw met álle objecten en trekken daar dan alle objecten binnen E(1), alle objecten binnen E(2) en ook alle binnen
E(3) van af. Weer worden dan te veel objecten afgetrokken, en
wel a) eenmaal te veel de objecten die precies twee van de drie
eigenschappen bezitten, en b) tweemaal te veel de objecten in
het gearceerde gebied die alle drie de eigenschappen bezitten.
Om dit te corrigeren tellen we die objecten die twee eigenschappen gemeen hebben weer bij het voorlopige totaal op.
Voor de objecten die precies twee eigenschappen gemeen hebben klopt de boekhouding dan, maar de objecten in het gearceerde gebied worden zelfs driemaal bijgeteld zodat die in to-

taal $3 - 2 = 1$ keer te veel geteld worden. De laatste correctie bestaat dus hieruit dat de objecten met drie gemeenschappelijke eigenschappen nog eenmaal worden afgetrokken. Het resultaat van de nauwkeurige boekhouding is dan: aantal objecten die geen der eigenschappen $E(1)$, $E(2)$, $E(3)$ bezitten = totale aantal objecten, verminderd met het aantal objecten dat één der drie eigenschappen heeft, vermeerderd met het aantal objecten dat twee eigenschappen gemeen heeft, verminderd met het aantal objecten dat alle drie de eigenschappen bezit.

Deze telling blijft opgaan voor objecten die meer dan drie eigenschappen kunnen hebben. Daarbij worden de objecten met een groeiend aantal gemeenschappelijke eigenschappen beurtelings opgeteld en afgetrokken. Men moet in het Venn-diagram wel goed bepalen hoeveel gebieden er zijn die gemeenschappelijk zijn aan een aantal eigenschapscirkels. In dit verband bewijst de combinatoriek die in het voorafgaande al is besproken goede diensten.

Door bij de beschreven telling steeds te delen door het totale aantal objecten vindt men de kans dat een willekeurig gekozen object géén der eigenschappen $E(1)$, $E(2)$... bezit. Dat stelt ons in staat te bepalen hoe groot de kans is dat ten minste een van de vier bridgespelers dertien kaarten van dezelfde kleur ontvangt. (Onder de vier 'kleuren' verstaat men in het bridgespel: schoppen, harten, ruiten en klaveren.)

Eerst bepalen we hoeveel verschillende bridgespellen er mogelijk zijn. Daartoe verdelen we de rij van 52 speelkaarten in vier groepen van dertien, met de eerste groep voor de gever. Dat gaat op 52! manieren. Omdat verandering van de volgorde van de kaarten *binnen* een groep van dertien niet tot een ander spel leidt is het aantal spellen:

$$\frac{52!}{(13!)^4} \approx 5{,}3 \times 10^{28}$$

Laat nu in het principe van inclusie en exclusie E_i de verzameling van alle spellen zijn waarbij minstens één speler, i, een complete hand heeft (i kan de waarden 1, ..., 4 aanne-men). In het Venndiagram zijn er nu vier gebieden binnen het grote omvattende gebied dat alle mogelijke bridgespel-len voorstelt.

Om het aantal spellen in E_i te vinden merken we op dat dertien van de 52 kaarten nu vastliggen (van dezelfde 'kleur'), terwijl de overige 39, verdeeld in drie groepen van dertien, nog willekeurig gepermuteerd mogen worden. Daarbij bedenken we weer dat permutaties binnen een groep van dertien kaarten voor de speler niet tot een nieu-we verdeling leiden. Het aantal spellen E_i wordt dus:

$$E_i = 4 \times \frac{39!}{(13!)^3}$$

De factor 4 moet erbij omdat een complete hand uit alle vier de kleuren kan bestaan.

Voor het aantal spellen met twee spelers, aangegeven als i en j, in het bezit van een complete hand vinden we evenzo:

$$12 \times \frac{26!}{(13!)^2}$$

De factor 12 is het aantal manieren waarop – met behoud van volgorde! – uit de vier spelers er twee kunnen worden gekozen.

Het aantal spellen waarbij drie spelers, i, j en k een complete hand hebben, en dus de vierde speler ook, is dan:

$$24 \times \frac{13!}{13!} = 24$$

Het getal 24 is immers het aantal manieren om weer met behoud van volgorde aan tafel, drie spelers te kiezen.

Om het principe van inclusie en exclusie toe te kunnen passen moeten we ook nog weten hoeveel doorsneden van de vier verzamelingen E_i er zijn. Het aantal van twee van de vier is: $\binom{4}{2} = 6$. Een doorsnedegebied van twee E_i's stelt de verzameling voor van alle mogelijke verdelingen waarbij *twee* complete handen gegeven zijn. Het aantal doorsneden van drie van de vier E_i's is $\binom{4}{3} = 4$. Uiteindelijk vinden we voor het aantal spellen met minstens één complete hand:

$$4 \times 4 \times \frac{39!}{(13!)^3} - 6 \times 12 \times \frac{26!}{(13!)^2} + 4 \times 24 - 1 \times 24$$

Door te delen door het totale aantal mogelijke spellen vinden we de kans dat één of meer spelers een complete hand ontvangt:

$$P = 4 \times \frac{4}{\binom{52}{13}} - 6 \times \frac{12}{\binom{52}{13} \times \binom{39}{13}} + 4 \times \frac{24}{(52!)/(13!)^4}$$

$$- 1 \times \frac{24}{(52!)/(13!)^4} \approx \frac{1}{4} \times 10^{-10}$$

Twee (moeilijke) puzzels waarbij het beginsel van inclusie en exclusie in werking treedt worden beschreven in hoofdstuk 2 en 3.

OPGAVE VOOR DE LEZER

9 *Hoe groot is het aantal gehele en positieve getallen onder de 300 dat niet deelbaar is door de getallen 2 t/m 10?*
   Tips:
   1) *Men hoeft niet alle negen genoemde delers te beschouwen.*
   2) *De objecten zijn hier de gehele getallen van 1 t/m 299 en de cirkels E(1), E(2)... bevatten de objecten die deelbaar zijn door een van de betrokken getallen 2 t/m 10.*

2

De puzzels

HET WERPEN MET DOBBELSTENEN

Het gebruik van dobbelstenen is van oudsher en bij uitstek geschikt om de wetten van de kansrekening toe te passen. We hebben in hoofdstuk I al een aantal toepassingen besproken van het werpen met een zeszijdige dobbelsteen, waarbij onder andere een handige recursieformule – KAF – werd geïntroduceerd. Zo werd het aantal malen dat men gemiddeld moet werpen uitgerekend voor diverse doelen. Het eenvoudigste probleem betrof het gemiddelde aantal worpen voor het bereiken van een van tevoren vastgesteld aantal ogen. Iets moeilijker was het gemiddelde aantal worpen dat nodig was voor het bereiken van een van tevoren vastgesteld paar werpresultaten na elkaar, hetzij gelijk, zoals 6-6, hetzij verschillend, zoals 6-5. De KAF was hier uitermate geschikt voor. Een aantal problemen in vervolg hierop, eerst met *één* dobbelsteen en later met *meerdere* dobbelstenen zullen we hier bespreken. De puzzels worden soms uitgebreid tot dobbelstenen met een ander aantal zijden. Eerst volgt hier een inventarisatie van de puzzels die we behandelen.

Het gebruik van één dobbelsteen.

a   Het werpen van een 6: kans, gemiddelde werpduur, kans op wer-
    pen binnen een gegeven aantal worpen, kans op werpen binnen
    de gemiddelde werpduur. Generalisatie tot een dobbelsteen met m
    zijden (kortweg: m-dobbelsteen).

b   Iemand werpt net zo lang met een dobbelsteen tot hij twee keer
    achter elkaar een 6 gooit. Hoe lang zal dat werpen gemiddeld
    duren en wat is de kans om dat resultaat binnen het gemiddelde
    aantal benodigde worpen inderdaad te bereiken?

c   Hoe lang moet men gemiddeld met een dobbelsteen werpen tot
    men 6-6 óf 5-5 (of, wat vanwege de symmetrie hetzelfde is, 6-5 óf
    5-6) werpt?

d   Er wordt met een dobbelsteen geworpen, net zo lang tot in twee
    opeenvolgende worpen een al eerder vastgestelde som wordt be-
    reikt. Bepaald wordt nu de gemiddelde werpduur voor alle moge-
    lijke sommen. Het resultaat wordt gegeneraliseerd tot een dobbel-
    steen met N zijden.

e   Er wordt een aantal malen met een dobbelsteen geworpen. Elke
    worp móet hoger zijn dan de voorafgaande. Hoe lang zal men
    gemiddeld kunnen gooien?

f   Een strategisch probleem met een N-zijdige dobbelsteen

g   Hoe lang moet men gemiddeld met een dobbelsteen werpen tot
    men alle mogelijke resultaten ten minste één keer geworpen heeft?

Het gebruik van meer dan één dobbelsteen.

a   Hoe lang moet men gemiddeld met zes dobbelstenen tegelijk gooi-
    en tot men precies het resultaat 1, 2, 3, 4, 5, 6 heeft?

b Ditmaal werpen we met twee dobbelstenen tegelijk. Hoe lang duurt het gemiddeld tot we tweemaal achter elkaar dezelfde worp doen?

Misschien vindt u het aantal puzzels met dobbelstenen wel té groot. In dat geval kunt u gerust overstappen naar een ander onderwerp in hoofdstuk 2 om eventueel later nog eens terug te keren naar de dobbelstenen.

HET GEBRUIK VAN ÉÉN DOBBELSTEEN

a Het werpen van een 6: kans, gemiddelde werpduur, kans op werpen binnen een gegeven aantal worpen, kans op werpen binnen de gemiddelde werpduur. Generalisatie tot een dobbelsteen met m zijden.

We herhalen hier kort enkele redeneringen die in hoofdstuk 1 al uitvoerig besproken zijn. De kans op het werpen van een 6 is gelijk is aan $1/6$. Het gemiddeld zesmaal moeten gooien om een 6 te werpen, of het honderdmaal aantreffen van een 6 als men zeshonderdmaal met een dobbelsteen werpt, lijkt hier eerder een gevolg(trekking). Zoals we in hoofdstuk 1 zagen, kunnen we ook bewijzen dat we gemiddeld zesmaal moeten gooien om een 6 te krijgen, en nog wel op twee manieren. Volgens de eerste manier berekenen we de kans dat we de 6 pas gooien bij de i-de worp, waarbij i loopt van 1 tot oneindig. Als we die kans P(i) noemen, wordt de gemiddelde duur D van het werpen van een 6 gegeven door:

$$D = \sum_{i=1}^{\infty} iP(i)$$

waarbij natuurlijk $\sum_i P(i) = 1$.

Voor de berekening van P(i) en D zie verder appendix 2.

Bij de tweede manier van bewijzen gebruikten we de recursieregel voor aantallen KAF. Als de gemiddelde werpduur x wordt gesteld, is:

$$x = \frac{1}{6} \times 1 + \frac{5}{6} \times (1 + x)$$

zodat x = 6. Zoals we eerder hebben vastgesteld is deze korte berekening superieur aan de eerste omdat het bepalen van de som van een oneindige reeks soms knap lastig kan zijn.

De kans dat men erin slaagt binnen N worpen een 6 te werpen is 1 minus de kans dat men daarin níet slaagt. Deze laatste kans is $(5/6)^N$, dus het werpen van een 6 *binnen N worpen* heeft een kans van $1 - (5/6)^N$. Binnen de gemiddelde werpduur is die kans (N = 6):

$$1 - \left(\frac{5}{6}\right)^6 \approx 0{,}665102$$

De generalisatie van deze resultaten tot een dobbelsteen met m zijden is niet moeilijk. De kans op het werpen van een m is $1/m$. Gemiddeld duurt het m worpen voor men een m werpt. De kans op het binnen N worpen verkrijgen van een m is:

$$1 - \left(\frac{m-1}{m}\right)^N$$

Binnen de gemiddelde werpduur (N = m) is die kans:

$$1 - \left(\frac{m-1}{m}\right)^m$$

Deze kans gaat voor $m \to \infty$ naar:

$$1 - \frac{1}{e} \approx 0{,}632120$$

(zie appendix 1b). We zien dat de waarde voor een gewone dobbelsteen m = 6 slechts weinig van de limietwaarde verschilt (ongeveer 5,2%).

b Iemand werpt net zo lang met een dobbelsteen tot hij twee keer achter elkaar een 6 gooit. Hoe lang zal dat werpen gemiddeld duren en wat is de kans om dat resultaat binnen het gemiddelde aantal benodigde worpen inderdaad te bereiken?

De oplossing van het eerste deel van de puzzel, de gemiddelde werpduur voor het tweemaal achter elkaar werpen van een 6 werd in hoofdstuk 1 al verkregen met de KAF. Gemiddeld zijn er 42 worpen nodig voor het verkrijgen van 6-6.

Het berekenen van de kans om binnen 42 worpen 6-6 te werpen is moeilijker dan de berekening bij het geval van één 6 gooien. Hier volgt een afleiding van een recursierelatie voor het berekenen van de kans in n worpen, P(n). P(n) is de kans dat er binnen n worpen ergens in de rij in twee opeenvolgende worpen tweemaal een 6 wordt aangetroffen. Men kan zich nu P(n) voorstellen als de som van de kansen die een drietal worpreeksen beschrijven en wel – in de juiste volgorde – $^1/_{36}$, $5/6 \times P(n-1)$ en $^5/_{36} \times P(n-2)$. Het schema in figuur 4 toont aan dat P(n) zo opgebouwd kan worden. Een reeks worpen is hier voorgesteld door n cellen. Een juiste worp (6) stellen we voor door: [x]. De kans hierop is $^1/6$. Een verkeerde worp wordt door [o] voorgesteld. De kans hierop is $^5/6$. De kans op twee juiste worpen achter elkaar $P(2) = {}^1/_{36}$. $(P(1) \equiv o!)$. Om alle mogelijkheden te beschouwen zullen de eerste twee worpen voor P(n) alle combinaties van [o] en [x] bevatten: [x][x], [o][x], [x][o] en [o][o]. In de volgende n-2 worpen kan ook tweemaal achter elkaar een 6 worden geworpen, de kans hierop is P(n-2). Nu zal de opbouw van P(n) in drie termen voor zichzelf spreken. We beginnen P(n) met tweemaal raak: [x][x]. De volgende werpseries zijn samengesteld uit een misser [o] en de werpseries met kans P(n-1). De laatste term is samengesteld uit de twee eerste worpen [x] en [o] met de overige n-2 worpen met kans P(n-2).

U kunt nu waarnemen dat de som van deze mogelijkheden precies de reeks P(n) voorstelt, waarmee een recursierelatie is verkregen.

$$P(n) = \frac{5}{6} \times P(n-1) + \frac{5}{36} \times P(n-2) + \frac{1}{36}$$

$P(2) = {}^1/_{36}$ en $P(3) = {}^{11}/_{216}$. Nu kan men met de recursieformule en een computer alle P's met hoger argument dan 3 vinden. De kans dat binnen 42 worpen 6-6 wordt geworpen is: $P(42) = 0{,}634452\ldots$ Ook hier is de limiet voor een dobbelsteen met m zijden en m $\rightarrow \infty$ gelijk aan $1 - 1/e$.

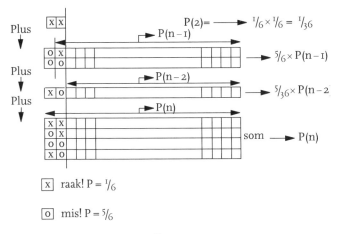

Plus →
Plus →
Plus →

P(2)= ⟶ $^1/_6 \times ^1/_6 = ^1/_{36}$

P(n−1)

⟶ $^5/_6 \times P(n-1)$

P(n−2)

⟶ $^5/_{36} \times P(n-2)$

P(n)

som ⟶ P(n)

$\boxed{x}$ raak! P = $^1/_6$

$\boxed{o}$ mis! P = $^5/_6$

Figuur 4

OPGAVE VOOR DE LEZER

10 *Men kan nu zelf eens proberen op een dergelijke manier een recursierelatie voor de kans op drie opeenvolgende gelijke worpen binnen n worpen – vooraf afgesproken aantallen, bijvoorbeeld weer zessen – te construeren.*

c Hoe lang moet u gemiddeld met een dobbelsteen werpen tot u 6-6 óf 5-5 (of, wat vanwege de symmetrie hetzelfde is, 6-5 óf 5-6) werpt?

OPLOSSING

Hier stelt u het gemiddelde aantal worpen dat nodig is weer gelijk aan x. Het gemiddelde aantal worpen dat nog nodig is na het werpen van een 6 (of, vanwege de symmetrie, van een 5) is hier de hulpgrootheid y. Dan is:

$$x = \frac{4}{6} \times (x + 1) + \frac{2}{6} \times (y + 1)$$

$$x = \frac{4}{6} \times (x + 1) + \frac{1}{6} \times (y + 1) + \frac{1}{6} \times 1$$

Beide KAF-uitdrukkingen hoeven we inmiddels niet meer toe te lichten. Hun oplossing is: x = 21; y = 18. Het werpen

45

van 6-6 of 5-5 duurt dus gemiddeld 21 worpen. Een begrijpelijk resultaat achteraf: het gaat tweemaal zo snel als 6-6 werpen!

We kunnen het resultaat iets algemener maken. Heeft men bij het werpen de keuze uit n van de zes mogelijke paren 6-6, 5-5, ..., 1-1, dan is het gemiddelde aantal worpen dat nodig is gelijk aan $42/n$. In sectie 2 was n = 1 en in deze sectie was n = 2. Voor n = 6 vindt men het resultaat dat het aantal benodigde worpen om tweemaal achter elkaar hetzelfde te gooien gelijk is aan 7.

Is n het aantal doubletten waaruit gekozen mag worden bij een N-zijdige dobbelsteen, dan is het aantal worpen:

$$\frac{N \times (N + 1)}{n}$$

d Men gooit net zo lang met een dobbelsteen tot in twee opeenvolgende worpen een van tevoren vastgestelde som wordt bereikt. Bepaal nu de gemiddelde werpduur voor alle mogelijke sommen. Veralgemeen het resultaat voor een dobbelsteen met N zijden.

OPLOSSING

De sommen 2, 3, 11 en 12 kunnen maar op één manier verschijnen (paren!) en die gevallen zijn al behandeld in het voorafgaande. De sommen 2 en 12 hebben een gemiddelde werpduur van 42 worpen, de sommen 3 en 11 hebben gemiddeld 21 worpen nodig. Er heerst symmetrie ten opzichte van de som 7. We nemen eerst die som onder handen. De som kan op drie manieren geworpen worden: 3 + 4, 2 + 5 en 1 + 6. Noem het aantal benodigde worpen x. Na iedere worp geeft de volgende worp kans op het eindresultaat, dus het aantal worpen na de eerste is gemiddeld x − 1. We vinden:

$$x - 1 = \frac{1}{6} \times 1 + \frac{5}{6} \times x$$

De oplossing is: x = 7.

Vervolgens bezien we de som 8 (of 6 vanwege de symmetrie). Mogelijkheden zijn: 2 + 6, 3 + 5 en 4 + 4; na 1 is de som 8 onbereikbaar. Naast x noemen we het aantal worpen, gemiddeld nodig na het werpen van 2, 3, 4, 5, 6 even y. Dan is:

$$x = \frac{1}{6} \times (x + 1) + \frac{5}{6} \times (y + 1)$$

$$y = \frac{1}{6} \times (x + 1) + \frac{1}{6} \times 1 + \frac{4}{6} \times (y + 1)$$

De oplossing van het tweetal vergelijkingen is:

$$x = 8\frac{2}{5}; y = 7\frac{1}{5}$$

Gemiddeld zijn dus $8^2/_5$ worpen nodig om de som 8 (of 6) te gooien. De som 9 is te maken met 3 + 6 of 4 + 5, en niet te realiseren na 1 of 2. Noemen we het gemiddelde aantal worpen dat nog nodig is na het werpen van 3, 4, 5 en 6 ditmaal y, dan is:

$$x = \frac{2}{6} \times (x + 1) + \frac{4}{6} \times (y + 1)$$

$$y = \frac{1}{6} + \frac{2}{6} \times (x + 1) + \frac{3}{6} \times (y + 1)$$

met oplossing:

$$x = 10\frac{1}{2}; y = 9$$

Voor de som 10 (of 4) vinden we analoog: x = 14; y = 12. Bij een dobbelsteen met N zijden is de minimale som van tweemaal werpen 2 en de maximale som 2N. De gemiddelde som is N + 1, en het resultaat van de berekening van een gemiddeld aantal worpen om een bepaalde som te werpen in twee beurten is symmetrisch om de som N + 1. Met andere woorden het resultaat van N + 1 + i is identiek met het resultaat van N + 1 − i (i heeft alle waarden 0, ..., N − 1). Laten we eerst het geval i = 0 bekijken. Hiervoor is de vereiste som na tweemaal werpen dus N + 1. Deze som komt het vaakst voor en heeft dus gemiddeld het kleinste aantal worpen nodig. Noem x weer het aantal worpen dat gemiddeld nodig is. De formule is:

$$x = 1 + \frac{1}{N} \times 1 + (1 - \frac{1}{N}) \times x$$

We lichten de diverse termen toe. De eerste term (− 1 −) is triviaal: de eerste worp dient gemaakt te worden. In de volgende worp kan gemiddeld in 1/N van de gevallen het goede resultaat worden bereikt (er zijn N keuzes!). De laatste term geeft aan dat de gemiddelde kans op níet-slagen (1 − 1/N) is. Aangezien x het gemiddelde aantal worpen voor succes is, geeft de laatste term het gemiddelde aantal worpen weer dat nog nodig is na de eerste worp als de tweede worp niet succesvol is. De oplossing van x levert voor dit geval x = N + 1.

Nu gaan we over naar een i die willekeurig, groter of gelijk aan 1 en maximaal N − 1 is. De gewenste som is: N + 1 + i. De worpen 1, 2, ..., i van de eerste N-dobbelsteen geven geen uitzicht op de som N + 1 + i. De worpen i + 1, i + 2, ..., N kunnen wél in de volgende worp tot de som N + 1 + i leiden. We stellen hier het aantal worpen dat gemiddeld nog nodig is na het werpen van i + 1 of i + 2, ..., of N weer gelijk aan y. We vinden zo de twee lineaire vergelijkingen:

$$x = \frac{N-i}{N} \times (1 + y) + \frac{i}{N} \times (1 + x)$$

$$y = \frac{1}{N} \times 1 + \frac{N-i-1}{N} \times (1 + y) + \frac{i}{N} \times (1 + x)$$

TOELICHTING BIJ DE VERGELIJKINGEN

De eerste term geeft de gunstige fractie na de eerste worp aan waarbij de totale worpduur 1 + y zal worden. Dit was een van de worpen i + 1, ..., N. De tweede term geeft de *ongunstige* fractie weer bij de eerste worp (1, ..., i) waarna de duur 1 + x zal worden. Op deze manier is ook de tweede vergelijking te duiden. De eerste term geeft aan dat na het werpen van een van de gunstige getallen in het interval i + 1, ..., N er een van de N ogen geworpen moet worden. De oplossing van de twee vergelijkingen luidt:

$$x = N \times \frac{N+1}{N-i}$$

$$y = \frac{N^2}{N-i}$$

Het gemiddeld benodigde aantal worpen wordt dan gegeven door:

$$\frac{N(N+1)}{N-i}$$

11 *Bepaal het gemiddelde aantal worpen dat nodig is om in twee achtereenvolgende beurten een bepaald 'verschil' (0, 1, ..., 5) te werpen.*

e Er wordt een aantal malen met een dobbelsteen geworpen. Elke worp móet hoger zijn dan de voorafgaande. Hoe lang zal men gemiddeld kunnen gooien?

Dit lijkt op het eerste gezicht een onmogelijke vraagstelling, maar met een beetje nadenken wordt het al wat duidelijker: als u laag gooit is de kans dat u in de volgende beurt hoger gooit natuurlijk groter dan indien u aanvankelijk hoog gooit. Indien u een 6 gooit bent u al na één worp uitgegooid.

OPLOSSING

Met de KAF gaat dit zo gemakkelijk dat we direct de oplossing kunnen geven voor een N-dobbelsteen. Begint u weer met een N te werpen dan kunt u niet verder, het aantal worpen is dan 1. Begint u met een N − 1 te gooien dan zult u een kans (N − 1)/N hebben om niet verder te komen (duur 1) en in 1/N van de gevallen werpt u daarna N en bent u tot twee worpen gekomen. De totale gemiddelde duur wordt daarmee:

$$\frac{N-1}{N} \times 1 + \frac{1}{N} \times 2 = 1 + \frac{1}{N}$$

Begint u met $N - 2$ te werpen, dan zijn er drie mogelijke vervolgworpen. De gemiddelde duur wordt dan:

$$\frac{N-2}{N} \times 1 + \frac{1}{N} \times \left(1 + \left(1 + \frac{1}{N}\right)\right) + \frac{1}{N} \times 2 = \left(1 + \frac{1}{N}\right)^2$$

Zo gaat u verder: eerst $N - 3$ werpen, eerst $N - 4$ werpen enzovoort, tot en met eerst 1 werpen. Bij iedere stap neemt de gemiddelde duur van het (stijgend) werpen met een factor $1 + 1/N$ toe. Ten slotte moeten we nog *middelen* over alle mogelijke beginworpen van 1 t/m N. We vinden met een meetkundige reeks voor de gemiddelde duur:

$$\left[1 + \left(1 + \frac{1}{N}\right) + \left(1 + \frac{1}{N}\right)^2 + \ldots + \left(1 + \frac{1}{N}\right)^{N-1} \right]$$

$$\times \frac{1}{N} = \left(1 + \frac{1}{N}\right)^N - 1$$

Voor de gewone dobbelsteen, $N = 6$, is het resultaat: $(7/6)^6 - 1 \approx 1{,}5216264$.

Als het aantal zijden naar oneindig gaat zou u misschien verwachten dat u veel langer een stijgende reeks kunt werpen. Maar dat valt erg tegen. De gemiddelde werpduur heeft een bovengrens die u niet kunt overschrijden:

$$\lim_{N \to \infty} \left(1 + \frac{1}{N}\right)^N - 1 = e - 1 = 1{,}7182818$$

AANVULLINGEN

e(1). In plaats van een stijgende reeks worpen te eisen kunnen we ook een niet-dalende reeks vragen, dat wil zeggen, we staan twee gelijke opeenvolgende worpen toe. Daarmee zal de gemiddelde reekslengte, $\bar{l}$, iets toenemen. De snelle berekening volgt dezelfde weg als in het geval van een stijgende reeks. Hier wordt alleen het resultaat vermeld:

$$\bar{l} = (\frac{n}{n-1})^n - 1$$

Voor n → ∞ vinden we opnieuw de limiet e − 1. Dit is begrijpelijk omdat bij een toenemend aantal zijden van de dobbelsteen de kans om tweemaal achter elkaar hetzelfde te werpen steeds kleiner wordt en in de limiet naar nul gaat.

e(2). Ten slotte kan een rij ook nog *alterneren*, dat wil zeggen de worpen zijn beurtelings groter en kleiner dan de voorgaande worp. De berekening van de gemiddelde reekslengte wordt moeilijker omdat de gemiddelde werpduur na een bepaalde worp ervan afhangt of de voorgaande worp groter of kleiner was. De berekening wordt hier niet gedaan, er worden slechts een paar resultaten gegeven. Voor een tweezijdige dobbelsteen (of beurtelings kop of munt werpen!) is de uitkomst twee worpen. Een driezijdige dobbelsteen geeft gemiddeld $2^{7}/_{15}$ alternerende worpen, een vierzijdige dobbelsteen $2^{43}/_{58}$. Het aantal stijgt met het toenemend aantal zijden. In hoofdstuk 2, waar de randomgenerator wordt besproken, wordt exact berekend wat de gemiddelde werpduur is voor een dobbelsteen met een oneindig aantal zijden (uitkomst ongeveer 3,8).

f Een strategisch probleem met een N-zijdige dobbelsteen

Bij een bekend gokspel, blackjack (eenentwintigen) ontvangt men één voor één speelkaarten van een bank en telt men de waarden van de achtereenvolgende kaarten bij elkaar op. Men probeert het totaal zo dicht mogelijk bij 21 te brengen, maar men verliest als men 21 overschrijdt. De bank probeert eveneens 21 zo dicht mogelijk te benaderen. Men wint van de bank als men na weigering van verdere kaarten een hoger totaal heeft dan de bank. Men kan dit spel nabootsen met een dobbelsteen. Men mag een aantal malen achtereen met een dobbelsteen werpen en de resultaten bij elkaar optellen. Slaagt men erin met werpen te stoppen voor het totaal van 6 wordt overschreden, dan krijgt men het geworpen totaal in guldens uitgekeerd. Stel dat men dit spel vele malen speelt, gebruik makend van één en dezelfde strategie. Bij welke strategie is de winst zo groot mogelijk en hoe groot is die winst gemiddeld per spel?

We kiezen het eenvoudige voorbeeld N = 4, dat wil zeggen met een vierzijdige dobbelsteen mag niet meer dan een totaal van 4 worden geworpen. Als men 3 bereikt zal men het beste kunnen stoppen. Immers, drie van de vier mogelijkheden, de worpen 2, 3 en 4 schakelen uit. Bij 1 kan men natuurlijk het beste doorgaan. Maar wat te doen bij een totaal van 2? Als men doorgaat met werpen is het gemiddeld te verwachten resultaat:

$$^{1}/_{4} \times 3 + ^{1}/_{4} \times 4 + ^{1}/_{4} \times 0 + ^{1}/_{4} \times 0 = 1^{3}/_{4}.$$

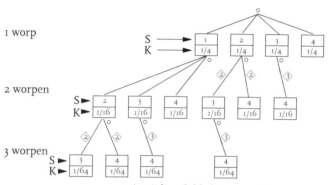

i worp

2 worpen

3 worpen

○: vierzijdige dobbelsteen wordt geworpen
S: som na aantal worpen
K: actuele kans
②③: toegevoegde werpmogelijkheden
bij voortzetting na 2 of 3

Figuur 5

Dit is *minder* dan de reeds behaalde 2. Daarom heeft doorgaan geen zin. De strategie zal dus moeten zijn: stoppen als men 2 heeft gegooid. In figuur 5 zijn voor de viervlaksdobbelsteen in een vertakkingsdiagram de werpsommen voor diverse afbreekstrategieën aangegeven. Na de eerste worp is het te verwachten resultaat: $^{1}/_{4} \times (1 + 2 + 3 + 4) = 2^{1}/_{2}$. Er was geen keuze mogelijk. Na twee worpen is de verwachtingswaarde, R, afhankelijk van de afbreekstrategie.

De resultaten zijn:

Doorgegaan bij 1:

$R = {}^{1}/_{4} \times (2 + 3 + 4) + {}^{1}/_{16} \times (2 + 3 + 4) = {}^{5}/_{16} \times 9 = {}^{45}/_{16} = 2{}^{13}/_{16}.$

Doorgegaan bij 1 en 2:

$R = {}^{1}/_{4} \times (3 + 4) + {}^{1}/_{16} \times (2 + 3 + 4) + {}^{1}/_{16} \times (3 + 4) = {}^{44}/_{16} = 2{}^{12}/_{16}.$

Doorgegaan bij 1, 2 en 3:

$R = {}^{1}/_{4} \times 4 + {}^{1}/_{16} \times (2 + 3 + 4) + {}^{1}/_{16} \times (3 + 4) + {}^{1}/_{16} \times 4 = {}^{36}/_{16} = 2{}^{4}/_{16}.$

Na drie worpen zijn de verwachtingswaarden:

Doorgegaan bij 2:

$R = {}^{1}/_{4} \times (3 + 4) + {}^{1}/_{16} \times (3 + 4) + {}^{1}/_{16} \times (3 + 4) + {}^{1}/_{64} \times (3 + 4) = {}^{175}/_{64} = 2{}^{47}/_{64}$

Doorgegaan bij 2 en 3:

$R = {}^{1}/_{4} \times 4 + {}^{1}/_{16} \times 4 + {}^{1}/_{16} \times 4 + {}^{1}/_{16} \times 4 + {}^{1}/_{64} \times (3 + 4) + {}^{1}/_{64} \times 4 + {}^{1}/_{64} \times 4 = 1{}^{63}/_{64}$

De beste strategie is dus inderdaad alleen doorgaan na 1.

Bij een willekeurig even aantal zijden N = 2n, bepalen we eerst de beste werpstrategie, dat wil zeggen bij welke worp p moet de speler nog juist doorgaan met werpen (en dus stoppen bij p + 1 en hoger)? Doorgaan bij p geeft een verwachting van:

$$\frac{1}{2n}[(p + 1) + (p + 2) + \dots + 2n] = \frac{1}{4n}(2n - p)(2n + p + 1)$$

Dit zal = p zijn bij evenwicht tussen de verwachting ('profit') en het reeds bereikte:

$$(2n - p)(2n + p + 1) = 4np$$

Het is een vierkantsvergelijking in p met oplossing:

$$p = -\frac{4n + 1}{2} + \frac{1}{2}[32n^2 + 16n + 1]^{\frac{1}{2}}$$

p is in het algemeen geen geheel getal. Het betekent dat men nog juist moet doorgaan met werpen bij dat voorlopige totaal dat gegeven wordt door het aantal gehelen van p (aan te geven met [p]). Verder is:

$$\lim_{n \to \infty} \frac{p}{2n} = 0,4141...$$

Om vervolgens het gemiddelde resultaat te bepalen bij boven-staande strategie kijken we naar het voorbeeld van n = 4 (acht-zijdige dobbelsteen).

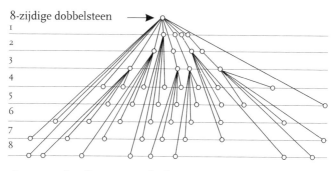

8-zijdige dobbelsteen

stoppen na bereiken van 4,5,6,7,8

Figuur 6

Voor n = 4 wordt p = $3^{1}/_{2}$, met andere woorden [p] = 3. De stra-tegie is dus stoppen na het gooien van – of bereiken van – 4, 5, 6, 7, 8. De getallen 1 tot en met 3 zullen in de *totalisatie* van de verkregen sommen dus niet voorkomen. De verdelingsboom in figuur 6 laat de mogelijkheden zien.

Totalisatie:

Kans op 4: $^{1}/8 + {}^{3}/64 + {}^{3}/512 + ({}^{1}/8)^{4}$

Kans op 5: $^{1}/8 + {}^{3}/64 + {}^{3}/512 + ({}^{1}/8)^{4}$

Kansen op 6, 7, of 8: zelfde als van 4 en 5.

In de tellers verschijnen de getallen van de vierde rij van de driehoek van Pascal, genoemd naar de beroemde en veelzijdige Franse geleerde, filosoof, theoloog en wiskundige (1623-1662). Totale kans op 4 tot en met 8: $5 \times ({}^{729}/4096) = {}^{3645}/4096$. *Gemiddelde resultaat*: R = $({}^{729}/4096) \times (4 + 5 + 6 + 7 + 8) \approx 5,28$. Per-centage van het maximum 8 is $^{5,28}/8 \approx 66\%$.

Ten slotte de vraag naar de gemiddelde lengte van de serie worpen, met inbegrip van de worp die eventueel het toegestane maximum overschrijdt. Dit gaat met de KAF.

Zeszijdige dobbelsteen ($n = 3$, $p = 2$). Na het bereiken van 3, 4, 5 of 6 volgen nog 0 worpen. Na 2 bereiken nog 1 worp (dan stoppen of 0 wordt bereikt). Na 1 bereiken nog $5/6 \times 1 + 1/6 \times 2 = 7/6$ worpen. Na 0 (dus vanaf het begin!) nog $4/6 \times 1 + 1/6 \times (1 + 7/6) + 1/6 \times 2 = 1^{13}/16$ worpen. Dit is de gemiddelde lengte voor $n = 3$.

Voor het algemene geval van de $2n$-zijdige dobbelsteen worden het gemiddelde resultaat en de gemiddelde lengte van het aantal worpen met het verbod om $2n$ te overschrijden behandeld in hoofdstuk 3.

g *Hoe lang moet men gemiddeld met een dobbelsteen werpen tot men alle mogelijke resultaten ten minste één keer geworpen heeft?*

De oplossing van dit vraagstuk is gemakkelijk te vinden met behulp van de KAF. Zodra men zes verschillende worpen heeft gedaan is men klaar. Zodra men vijf verschillende worpen heeft gedaan heeft men daarna nog x worpen nodig (stelt men). Dan is:

$$x = \frac{5}{6} \times (x + 1) + \frac{1}{6} \times 1$$

met als oplossing $x = 6$. Zodra men vier verschillende worpen heeft gedaan heeft men daarna nog y worpen nodig. Dan is:

$$y = \frac{4}{6} \times (y + 1) + \frac{2}{6} \times (x + 1) \rightarrow y = 9$$

Hier komen er dus $3 = 6/2$ worpen bij. Na drie verschillende worpen duurt het spel nog elf worpen. Er komen $2 = 6/3$ worpen bij, enzovoort. Het totale gemiddelde aantal worpen wordt zo: $6/1 + 6/2 + 6/3 + 6/4 + 6/5 + 6/6 \approx 14{,}7$.

Men kan de berekening ook aan de andere kant beginnen. Voor het eerste resultaat (iedere worp is goed) heeft men maar één worp nodig. Als men doorwerpt is de kans op een andere worp $5/6$. Gemiddeld doet men daarover dus $6/5$ worp. Daarna zijn er nog maar vier verschillende werpmogelijkheden over. Daarover doet men gemiddeld $6/4$ worp. Zo gaat men door en vindt opnieuw bovenstaande $14{,}7$.

Stel een suikerfabrikant heeft een serie suikerzakjes in de handel gebracht met 25 verschillende aantrekkelijke afbeeldingen. U bent een verzamelaar van dergelijke objecten. De zakjes worden – naar willekeur – verstrekt bij door u bestelde kopjes koffie in koffieshops. Hoeveel kopjes koffie moet u gemiddeld consumeren om ieder exemplaar minstens eenmaal in uw bezit te krijgen?

OPLOSSING

Het algemene geval van het sparen van n verschillende suikerzakjes krijgt men door in het *bovenstaande geval een n-zijdige dobbelsteen te beschouwen*. Het gemiddelde aantal kopjes koffie N_t is net zoals voor n = 6 af te leiden:

$$N_t = n \times (1 + \frac{1}{2} + \frac{1}{3} + ... + \frac{1}{n})$$

Om 25 suikerzakjes met verschillende afbeeldingen te verzamelen zal men ongeveer 96 kopjes koffie moeten drinken (als men per kopje niet meer dan één zakje gebruikt!).

Een bijkomende en nog niet beantwoorde vraag na de bepaling van deze gemiddelde aantallen is de bepaling van de bijbehorende kansen. Dit is een gecompliceerd probleem waar we ons nu verder niet mee bezighouden.

HET GEBRUIK VAN MEER DAN ÉÉN DOBBELSTEEN

Wanneer met meer dan één dobbelsteen tegelijk geworpen wordt, zien de bijbehorende puzzels er over het algemeen wat moeilijker uit. De methodes voor hun oplossing blijven echter grotendeels hetzelfde. We geven hier twee karakteristieke voorbeelden.

a   Hoe lang moet men gemiddeld met zes dobbelstenen tegelijk gooien tot men precies het resultaat 1, 2, 3, 4, 5, 6 heeft?

Deze vraag is wat moeilijker te beantwoorden dan de gelijksoortige vraag hoe lang men gemiddeld doet over het werpen van een 6 met één dobbelsteen. De kans op het werpen van een

6 is $^1/6$, maar wat is de kans om met zes dobbelstenen 1, 2, 3, 4, 5, 6 te werpen? Wat de eerste dobbelsteen die men bekijkt laat zien, doet er niet toe. De tweede dobbelsteen moet dan wat anders geven. De kans hierop is $5/6$. De derde dobbelsteen moet wéér wat anders geven dan de voorgaande resultaten, kans $4/6$, enzovoort. De kans op 1, 2, 3, 4, 5, 6 is dus het product $1 \times 5/6 \times 4/6 \times 3/6 \times 2/6 \times 1/6 = 6!/6^6 = 5/324$. Het gemiddelde aantal worpen nodig voor dit resultaat is dan dus $324/5$, dit is bijna 65. De vraag hoe groot de kans is om binnen 65 maal het resultaat 1, 2, 3, 4, 5, 6 te verkrijgen is eenvoudig te beantwoorden. Een gelijksoortige vraag werd al behandeld bij de problemen met één dobbelsteen. Het antwoord is hier:

$$1 - \left(\frac{319}{324} \right)^{65} \approx 0{,}6361 \ (63{,}61\%)$$

b Ditmaal werpen we met twee dobbelstenen tegelijk. Hoe lang duurt het gemiddeld tot we tweemaal achter elkaar dezelfde worp doen?

Dit is een uitbreiding van de vraag hoe lang het gemiddeld duurt tot wij met één dobbelsteen tweemaal achtereen hetzelfde getal werpen. In geval van twee dobbelstenen is er een complicatie in de behandeling. De kans op het werpen van twee voorgeschreven verschillende getallen, bijvoorbeeld 1-2, is $^1/18$. De kans op twee dezelfde voorgeschreven getallen, bijvoorbeeld 4-4, is $^1/36$. We moeten dus twee gevallen onderscheiden. Stel dat na het gooien van twee dobbelstenen met een gelijk aantal ogen de serie nog x worpen duurt en dat na het gooien van een verschillend aantal ogen de serie nog y worpen duurt. Dan is volgens de KAF:

$$x = \frac{1}{36} \times 1 + \frac{5}{36} \times (x + 1) + \frac{5}{6} \times (y + 1)$$

$$y = \frac{1}{18} \times 1 + \frac{14}{18} \times (y + 1) + \frac{1}{6} \times (x + 1)$$

De oplossing van deze twee vergelijkingen in twee onbekenden is:

$$x = 20 \frac{2}{17} \text{ en } y = 19 \frac{10}{17}$$

De oplossing n van de oorspronkelijke puzzel is nu:

$$n = \frac{1}{6} \times x + \frac{5}{6} \times y + 1 = 20 \frac{23}{34}$$

Hierbij hebben we gebruik gemaakt van het feit dat de kans op het werpen van dubbele $^1/_6$ is en dat de kans op het werpen van verschillende dus $^5/_6$ is.

ZAK(KEN) MET GEKLEURDE BALLEN

Bij een of meer zakken met gekleurde ballen kan men dezelfde puzzels tegenkomen als bij dobbelstenen. Doet men zes ballen met zes verschillende kleuren in een zak, dan is het nemen van een bal uit de zak gelijkwaardig aan het werpen van een dobbelsteen. Maar met zakken met ballen kunnen meer problemen geconstrueerd en opgelost worden dan met dobbelstenen. Dit komt door het weinig flexibele handelen met een dobbelsteen: de verdeling van getallen over de zijden van een dobbelsteen is een vast gegeven en men kan alleen maar werpen met de dobbelsteen. Bij zakken met ballen daarentegen kan men besluiten een bal na een greep niet meer in de zak terug te doen, zodat bij een nieuwe greep de kans op een bepaalde kleur is veranderd, men kan ballen van de ene zak in de andere doen, enzovoort.

OPGAVE VOOR DE LEZER

12 *Een voorbeeld van zo'n flexibel handelen treffen we aan bij een goede bekende van geoefende puzzelaars, de koning die de minnaar van zijn dochter alleen toestemming geeft om met haar te trouwen als deze jongeman blijk geeft van intelligentie door een puzzel op te lossen. In ons geval krijgt de trouwlustige honderd zwarte ballen, honderd witte ballen en twee zakken toegewezen. De koning zegt hem dat hij de tweehonderd ballen naar eigen inzicht over de twee zakken mag verdelen.*

Daarna zal hij geblinddoekt één bal uit een van de zakken moeten nemen. Is dit een witte bal dan mag hij zich als aanstaande bruidegom beschouwen. Is het echter een zwarte bal dan wordt hij zonder pardon het land uit gezet. De lezersvraag is dan: wat is de beste manier waarop de huwelijkskandidaat de ballen over de zakken kan verdelen?

De volgende puzzels met ballen zullen de revue passeren.

a *In een zak bevindt zich een aantal ballen, zeg n. Er is één witte bal, de rest is zwart. De ballen worden één voor één uit de zak genomen en niet meer in de zak teruggestopt. Na gemiddeld hoeveel grepen zal de witte bal te voorschijn komen?*

b *In een zak bevinden zich vijf rode, drie groene en twee gele ballen. Men doet een greep van drie ballen tegelijk, met teruglegging, net zo lang tot men precies één rode, één groene en één gele bal blijkt te hebben gepakt. Hoeveel grepen zal men hier gemiddeld voor nodig hebben?*

c *In een zak bevinden zich vier ballen, twee witte en twee zwarte. De ballen worden één voor één in willekeurige volgorde uit de zak genomen tot achter elkaar twee witte ballen worden getrokken. Lukt dit niet in vier grepen, dan worden de vier ballen weer in de lege zak gedaan, waarna een nieuwe poging wordt ondernomen. Hoeveel grepen zullen gemiddeld nodig zijn?*

d *Een puzzel met twee zakken met ballen. In elk van de twee zakken bevinden zich drie rode ballen en één witte bal. Men brengt afwisselend een bal over van de ene zak naar de andere. Men stopt zodra een witte bal uit een zak wordt genomen. Hoe lang zal dit gemiddeld duren?*

e *Behalve problemen waarbij een bepaalde bal gevonden moet worden zijn er ook problemen waarbij men ballen trekt of overbrengt tot de begintoestand weer bereikt wordt. Een eenvoudig voorbeeld is het volgende. In de ene zak (de linkerzak) bevindt zich één witte bal, in de andere zak (de rechterzak) één zwarte bal. Er wordt nu beurtelings een bal van links naar rechts en, na goed schudden, van rechts naar links gedaan. Hoeveel overbrengingen zijn er gemiddeld nodig om de begintoestand (wit links, zwart rechts) terug te krijgen?*

f Een grappige paradox over een zak met witte en zwarte ballen komt voor in het werk van Lewis Carroll en wordt verderop besproken.

We beginnen met *a*.

a In een zak bevindt zich een aantal ballen, zeg n. Er is één witte bal, de rest is zwart. De ballen worden één voor één uit de zak genomen en niet meer in de zak teruggestopt. Na gemiddeld hoeveel grepen zal de witte bal te voorschijn komen?

We stellen ter oplossing het onbekende aantal grepen x_n. We voegen nu in gedachten één (zwarte) bal toe aan de zak en noemen het aantal grepen dat gemiddeld nodig zal zijn om de witte bal te laten verschijnen (dus) gelijk aan x_{n+1}. Nu nemen we uit de zak met $n + 1$ ballen de eerste bal en vinden met de KAF een verband tussen x_{n+1} en x_n:

$$x_{n+1} = \frac{1}{n+1} \times 1 + \frac{n}{n+1} \times (x_n + 1)$$

of
$$x_{n+1} = \frac{n}{n+1} x_n + 1$$

Door hierin $n = 0$ in te vullen vinden we $x_1 = 1$ hetgeen al vanzelf sprak. Dan vullen we $n = 1$ in en vinden $x = 3/2$ enzovoort. In het algemeen blijkt de relatie te voldoen aan:

$$x_n = \frac{1}{2} \times (n + 1)$$

Bij bijvoorbeeld twintig ballen duurt het dus gemiddeld niet precies tien grepen maar iets langer: $10^1/_2$. Zouden we in dit geval na elke greep de bal weer in de zak terugstoppen dan zou het gemiddelde aantal benodigde grepen natuurlijk twintig zijn. De zak met ballen gedraagt zich dan immers als een dobbelsteen met twintig zijden.

b   In een zak bevinden zich vijf rode, drie groene en twee gele ballen. Men doet een greep van drie ballen tegelijk, met teruglegging, net zo lang tot men precies één rode, één groene en één gele bal blijkt te hebben gepakt. Hoeveel grepen zal men hier gemiddeld voor nodig hebben?

Het maakt natuurlijk niet uit of men de drie ballen precies gelijk grijpt of na elkaar. Als de kans op het nemen van drie verschillende kleuren gevonden kan worden, is het aantal benodigde grepen één gedeeld door die kans. We berekenen nu laatstgenoemde kans. Stel men neemt eerst een rode bal. De kans hierop is $5/10$. Eén rode bal is weg. De kans dat de tweede greep geen rode is, is dus $5/9$. De kans op groen daarbij is $3/9$ met een kans op geel daarna van $2/8$, óf de kans op geel is $2/9$ met een kans op groen daarna van $3/8$. De totale kans bij eerst rood nemen is dus: $(5/10) \times (3/9 \times 1/4 + 2/9 \times 3/8) = 1/12$. De kansberekeningen voor eerst groen of eerst geel leveren ook $1/12$ op (eigenlijk vanzelfsprekend; waarom?). De totale kans op drie verschillende kleuren in een greep van drie ballen wordt dus: $3 \times 1/12 = 1/4$. Men zal dus gemiddeld viermaal moeten grijpen.

Voor de liefhebber van algebra: men kan de berekening ook doen voor het algemene geval dat de zak a rode ballen, b groene ballen en c gele ballen bevat. Men vindt dan voor de kans P dat men drie verschillende kleuren tegelijk pakt:

$$P = \frac{6abc}{(a+b+c)\ (a+b+c-1)\ (a+b+c-2)}$$

zodat het gemiddelde aantal grepen N wordt:

$$N = \frac{(a+b+c)\ (a+b+c-1)\ (a+b+c-2)}{6\,abc}$$

Voor het geval van twee soorten ballen, a rode en b groene, is de uitkomst:

$$N = \frac{(a+b)\ (a+b-1)}{2\,ab}$$

Als men goed naar de twee formules kijkt zal men de oplossing nu ook kunnen opschrijven voor ieder gegeven aantal balsoorten.

c *In een zak bevinden zich vier ballen, twee witte en twee zwarte. De ballen worden één voor één in willekeurige volgorde uit de zak genomen tot achter elkaar twee witte ballen worden getrokken. Lukt dit niet in vier grepen, dan worden de vier ballen weer in de lege zak gedaan, waarna een nieuwe poging wordt ondernomen. Hoeveel grepen zullen gemiddeld nodig zijn?*

Omdat tijdens de operatie het aantal ballen in de zak verandert is het handig om een lijstje te maken door alle tussenstadia *van de inhoud van de zak* en de gemiddelde duur van de hele operatie *na het bereiken van elk stadium* van een variabele (x, y, ...) te voorzien. Zo krijgen we dan:

Positie

wwzz:	volle zak, aantal grepen hierna x (de uiteindelijke uitkomst)
wzz:	witte bal eruit, aantal grepen hierna y
wwz:	zwarte bal eruit, aantal grepen hierna z
ww:	hierna nog twee grepen
wz:	na een witte bal als laatste, aantal grepen nog u_1
wz:	na zwarte bal als laatste, aantal grepen nog u_2
w:	hier wordt aangenomen dat de laatst uitgenomen bal een zwarte was. Zou die bal namelijk

wit zijn, dan eindigt de serie na het uitnemen van de laatste witte bal. Aantal grepen nog $x + 1$

z: aantal grepen nog $x + 1$

Met onze KAF vinden we vijf vergelijkingen met vijf onbekenden:

$$x = \frac{1}{2}(y + 1) + \frac{1}{2}(z + 1)$$

$$y = \frac{1}{3} \times 1 + \frac{2}{3} \times (u_2 + 1)$$

$$z = \frac{1}{3} \times 3 + \frac{2}{3} \times (u_1 + 1)$$

$$u_1 = \frac{1}{2} \times 1 + \frac{1}{2} \times (x + 2)$$

$$u_2 = \frac{1}{2}(x + 1) + \frac{1}{2}(x + 2)$$

$$\text{Oplossing: } x = 6\,\frac{2}{3}$$

Men zal dus gemiddeld één keer de zak weer moeten vullen!

We kunnen dezelfde puzzel ook oplossen als we twee ballen tegelijk uit de zak nemen met de bedoeling twee witte ballen te grijpen. De situatie wordt dan veel eenvoudiger, want er zijn maar drie posities onderweg: wwzz (het begin, aantal dubbelgrepen x), ww (aantal dubbelgrepen nog 1) en wz (aantal dubbelgrepen nog $x + 1$). Bij de eerste dubbelgreep is de kans op ww achterlaten $^1/_6$, voor zz is die kans natuurlijk ook $^1/_6$ en wz laat men achter in $^2/_3$ van de gevallen. We krijgen nu:

$$x = \frac{1}{6} \times 1 + \frac{1}{6} \times 2 + \frac{2}{3}(x + 2)$$

Met als oplossing: $x = 5^1/_2$.

Puzzels met twee zakken met ballen.

d In elk van de twee zakken bevinden zich drie rode ballen en één witte bal. Men brengt afwisselend een bal over van de ene zak naar de andere. Men stopt zodra een witte bal uit een zak wordt genomen. Hoe lang zal dit gemiddeld duren?

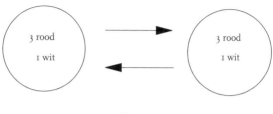

Figuur 7

OPLOSSING (ZIE FIGUUR 7)

Stel het duurt x overbrengingen. De enige andere inhoud die een zak waaruit een bal wordt genomen kan hebben (dan de oorspronkelijke drie rode ballen en één witte bal) is vier rode ballen en één witte bal. Stel dat het proces vanuit deze laatste toestand nog y overbrengingen duurt. Onze KAF geeft dan:

$$x = \frac{1}{4} \times 1 + \frac{3}{4} \times (y + 1)$$

$$y = \frac{1}{5} \times 1 + \frac{4}{5} \times (x + 1)$$

De oplossing van deze vergelijkingen is x = $4^{3}/8$ (en y = $4^{1}/2$). Merk het kleine verschil op met het geval van één zak met dezelfde ballen en uitname met teruglegging.

e Behalve problemen waarbij een bepaalde bal gevonden moet worden zijn er ook problemen waarbij men ballen trekt of overbrengt tot de begintoestand weer bereikt wordt. Een eenvoudig voorbeeld is het volgende. In de ene zak (de linkerzak) bevindt zich één witte bal, in de andere zak (de rechterzak) één zwarte bal. Er wordt nu beurte-

lings een bal van links naar rechts en, na goed schudden, van rechts
naar links gedaan. Hoeveel overbrengingen zijn er gemiddeld nodig
om de begintoestand (wit links, zwart rechts) terug te krijgen?

OPLOSSING

We maken opnieuw een lijstje van mogelijke posities van
de ballen en geven bij elke positie aan hoeveel overbrengingen daarna gemiddeld nog nodig zijn. Het lijstje is uiteraard maar klein.

w----z   De beginpositie, hierna nog x overbrengingen.
----wz   Positie na de eerste, *gedwongen* overbrenging.
          Hierna dus nog x − 1 overbrengingen.
z----w   Omdat z nu gedwongen naar w moet gaan, naar
          toestand wz duurt het vanaf deze positie even-
          eens x overbrengingen!

Toepassing van de KAF geeft hier:

$$x - 1 = \frac{1}{2} \times 1 + \frac{1}{2} \times (x + 1)$$

De oplossing hiervan is x = 4. Er zijn dus gemiddeld vier
overbrengingen nodig.

OPGAVE VOOR DE LEZER

13 *Er kunnen zich ook twee witte ballen in de linkerzak bevinden,*
met evenveel zwarte ballen in de rechterzak. Hoeveel over-
brengingen zijn er in dat geval nodig om de begintoestand
weer terug te krijgen?

Voor het geval van drie ballen is het gemiddelde aantal overbrengingen 40. Voor vier vinden we 140. Bij grotere aantallen
ballen in de beide zakken wordt de toepassing van de KAF-methode al snel ondoenlijk. Voor het algemene geval van N witte
ballen in de linkerzak en N zwarte ballen in de rechterzak is de
KAF niet meer bruikbaar. Gelukkig kunnen we voor dit algemene geval bewijzen dat het gemiddelde aantal overbrengingen, n,

nodig om de begintoestand terug te krijgen, gegeven wordt
door:

$$n = 2 \frac{(2N)!}{N!N!} = 2 \binom{2N}{N}$$

Het bewijs gaat in twee stappen:

Stap 1
Na iedere overbrenging van een bal van één zak naar de andere
worden de ballen in de laatste zak door schudden ongeordend
gemaakt (*gerandomiseerd*). Als nu vóór het doen van een nieuwe
greep uit een zak de ballen daarin ongeordend aanwezig zijn,
kan het *gemiddelde* aantal overbrengingen dat nodig is om wit
en zwart weer te scheiden niet afhangen van de grootte van de
greep bij het overbrengen. Dit kan men inzien door het tegen-
deel te veronderstellen (bewijs uit het ongerijmde). Als de zojuist genoemde afhankelijkheid wel zou bestaan, zou er een
overbrengingsvoorschrift van ballen van links naar rechts bestaan, afgewisseld met randomisatie van de ballen in de zakken, waarbij de beginpositie van volledige scheiding van wit en
zwart gemiddeld in een *minimum* aantal overbrengingen zou
kunnen worden teruggevonden. Dit kan echter niet, want het
zou in strijd zijn met het begrip ongeordend (random). Dit betekent dat men in plaats van één bal van links naar rechts en
terug te transporteren ook twee ballen tegelijk van links naar
rechts en terug – na schudden – kan overbrengen. Ook drie is
mogelijk, en ook eerst één heen en terug, dan twee heen en
terug, enzovoort. In alle gevallen blijft n hetzelfde.

Stap 2
Nu we gezien hebben dat n steeds hetzelfde is – hoe we ook na
schudden de ballen van links naar rechts en, in een zelfde aantal, weer van rechts naar links brengen – nemen we het eenvoudigste geval: we brengen alle N ballen van links naar rechts
(zonder dat schudden nodig was!) en verdelen dan na schudden de ballen weer gelijkelijk over de beide zakken. We bepalen de kans dat alle ballen die naar links gaan wit zijn. De eer-

ste bal heeft een kans N / (2N) om wit te zijn, de tweede een kans
(N − 1) / (2N − 1), de derde (N − 2) / (2N − 2), enzovoorts, tot de Nde,
die een kans 1 / (N + 1) heeft om wit te zijn. De kans dat alle N
overgebrachte ballen wit zijn is dus het product van voornoem-
de kansen:

$$\frac{(N\,!)(N\,!)}{(2N\,)!}$$

Het gemiddelde aantal malen dat men N van de 2N ballen van
rechts naar links moet brengen om de kleuren te scheiden is
het *reciproke getal* namelijk:

$$\frac{(2N\,)!}{(N\,!)(N\,!)}$$

(Dit is analoog met: de kans om met een dobbelsteen een 6 te
gooien is $^1/6$, dus moet men gemiddeld zes keer gooien om een
6 te krijgen.) Rekent men het weer naar rechts brengen van de
N ballen ook mee, dan komt men op de reeds gegeven formule
voor n terecht.

Men kan gemakkelijk verifiëren dat de met de KAF-methode
berekende waarden van n voor kleine waarden van N aan de
afgeleide formule voldoen.

*f   In het werk van Lewis Carroll is een grappige paradox over een
zak met witte en zwarte ballen te vinden.*
Carroll (1832-1898) was de schrijversnaam van de Engelse
dominee Charles Lutwidge Dodgson. Hij is auteur van de beroemde boeken *Alice in Wonderland* en *Through the Looking-
Glass* en was hoogleraar wiskunde aan de universiteit van Ox-
ford.

Stel dat men wordt geconfronteerd met een zak waarin zich
drie ballen bevinden in de kleuren wit en zwart. Men neemt
een groot aantal malen een bal uit de zak, noteert de kleur en
doet de bal weer in de zak terug. Het blijkt dat de kans op het
trekken van een witte bal gelijk is aan $^2/3$. De eenvoudige conclusie is dan dat zich in de zak twee witte en één zwarte bal bevinden. In een andere situatie treft men een zak aan waarin

zich twee ballen bevinden. Iemand heeft in onze afwezigheid de beschikking gehad over een aantal witte en zwarte ballen en heeft er lukraak twee in de zak gestopt. We weten echter niet welke kleuren de twee ballen hebben. Er zijn nu vier mogelijkheden: wit-wit, wit-zwart, zwart-wit en zwart-zwart. Zonder te kijken voegen we één witte bal aan de zak toe. Vervolgens nemen we vele malen één van de drie ballen uit de zak, noteren de kleur en stoppen de bal terug in de zak. Door te middelen over de vier oorspronkelijke mogelijkheden, die door de toevoeging van één witte bal zijn overgegaan in www, wzw, zww en zzw, vindt men de kans op het trekken van een witte bal p(w):

$$p(w) = \frac{1}{4} \times 1 + \frac{1}{4} \times \frac{2}{3} + \frac{1}{4} \times \frac{2}{3} + \frac{1}{4} \times \frac{1}{3} = \frac{2}{3}$$

Omdat de kans op wit $^2/_3$ is, zijn er nu twee witte en één zwarte bal in de zak. Dit betekent dat er met zekerheid aan het begin één witte en één zwarte bal in de zak zijn gestopt. Deze conclusie is duidelijk onjuist, maar waar zit de fout?

OPLOSSING

De verwarring die hier gezaaid wordt betreft het verschil tussen een (gewone) kans en een gemiddelde kans op het optreden van een gebeurtenis. Als men een zak met drie ballen heeft kan men vragen naar de kans dat bij uitnemen van een bal deze wit van kleur is. Dit is een gewone (niet gemiddelde) kans, net zoals de kans dat men met een dobbelsteen in ten hoogste vijf worpen een 6 gooit. Door eerst uit te gaan van een zak met twee ballen waarvan de kleur (wit of zwart) onbekend is, en dan het aantal ballen door toevoeging van één witte bal op drie te brengen, gaat men over van een gewone kans naar een gemiddelde kans. Deze komt aan de orde omdat men de onbekende vulling van de zak vooraf met twee ballen weergeeft door de vier mogelijkheden met ieder een a priori kans van 25% te beschouwen en daarover na toevoeging van een derde bal te middelen. De berekende gemiddelde kans p(w) slaat daarmee op een geheel nieuwe situatie, namelijk die van iemand die vele malen een zak met twee ballen (witte en zwarte) vult, en daarbij gemiddeld even vaak ww, wz, zw en zz kiest. Als men nu aan al deze zakken een witte bal toevoegt en dan uit alle zakken een bal trekt zal $^2/_3$ deel van het grote aantal getrokken ballen wit zijn. Dit is de bovenstaande p(w). De 'terugweg' van gemiddelde kans naar gewone kans blijft echter afgesloten.

DE RANDOMGENERATOR

Een randomgenerator is een software-onderdeel van een computer dat in staat is een reeks random (ordeloze, aselecte) getallen te produceren. Voorbeeld: in een reeks getallen als 1, 3, 5, 7, ... ziet iedereen direct de regelmaat, maar in de reeks 6, 25, 11, 89, 34, ... is de ordening ver te zoeken. Deze reeks zou dan ook door een randomgenerator opgesteld kunnen zijn. De computer kiest de getallen niet echt 'in het wilde weg'. Afgezien van het feit dat er een bovengrens is aan het te kiezen getal, wat men eigenlijk niet aan een volstrekt random getal mag toestaan, moet de programmeur aan de computer een voorschrift hebben meegegeven volgens welke de reeks getallen kan worden geformeerd. Het programmavoorschrift gebruikt een wiskundige functie op zo'n slimme manier dat in de output van getallen geen enkele regelmaat valt te ontdekken. De randomgenerator wordt ingezet bij het simuleren van kansprocessen met het doel deze processen statistisch te onderzoeken. Zo kan men bijvoorbeeld door de generator steeds maar een getal van 1 t/m 6 te laten kiezen het werpen met een dobbelsteen nabootsen. Het zal dan ook geen verwondering wekken dat de randomgenerator bij kansrekeningpuzzels een rol kan spelen. Hierna worden enkele voorbeelden gegeven waarin de generator een reeks getallen samenstelt die allemaal liggen tussen 0 en 1, waarbij de grensgetallen 0 en 1 best mogen worden meegekozen. We drukken dit zo uit dat de gekozen getallen in het gesloten interval [0,1] liggen. Omdat het aantal decimalen van een getal onbeperkt is, is het aantal te kiezen getallen in eerste instantie oneindig. Dat kan de computer natuurlijk niet aan en daarom wordt van tevoren het maximale aantal cijfers van de te kiezen getallen vastgelegd.

We gaan nu twee puzzels oplossen.

Eerste puzzel: de randomgenerator begint een reeks getallen te produceren op het interval [0,1].

a   Zolang een gekozen getal groter is dan het voorgaande getal gaat de generator door met het kiezen van een getal. Hij stopt zodra een getal kleiner is dan het voorgaande en gooit dit getal weg. Wat is de gemiddelde lengte van zo'n stijgende rij getallen?

OPLOSSING

Meestal schat men in eerste instantie de gemiddelde lengte iets te hoog in, ongeveer op vier. Het werkelijke antwoord blijkt na berekening slechts tussen één en twee te liggen! Men kan dit probleem analytisch oplossen. De exacte oplossing is namelijk $e - 1$, waarin $e = 2,71828...$ het grondtal van de natuurlijke logaritmen is. Het lage resultaat wordt begrijpelijk als men bedenkt dat in 50% van de gevallen het eerste gekozen getal al $^1/_2$ of meer is en dat dan de kans dat het volgende getal lager dan het eerste uitvalt ten minste 50% is. Wie niet tegen wat wiskunde opziet vindt de berekening in appendix 3.

b   Wederom kiest de generator een reeks getallen op het interval [0,1]. Ditmaal gaat de generator door zolang beurtelings een getal groter en kleiner is dan het voorgaande gekozen getal. Een voorbeeld van zo'n reeks is 0,33 – 0,79 – 0,16 – 0,25 – 0,22 – 0,98, enzovoort. We spreken van een alternerende rij a(i) met de eigenschap dat als a(i) groter is dan a(i – 1), dan is a(i + 1) kleiner dan a(i) en omgekeerd. Het eerste niet meer alternerende getal wordt niet meer beschouwd en het aantal getallen N in de reeks wordt bepaald. Gevraagd wordt de gemiddelde waarde van N wanneer deze procedure zeer vaak wordt herhaald.

Het lijkt of het weinig verschil maakt of men een stijgende reeks, een dalende reeks of een alternerende reeks getallen beschouwt en men verwacht dat e ook bij de alternerende reeks een rol zal spelen. Beide verwachtingen blijken niet uit te komen. Een nadere beschouwing leert ons dat de gemiddelde lengte van de alternerende reeks wel wat groter zal uitvallen dan die van een stijgende of dalende reeks. Twee factoren spelen hier een rol:

1   Bij een stijgende reeks is alleen het eerste getal willekeurig, het tweede moet beslist hoger zijn. Bij een alternerende reeks zijn de eerste twee getallen altijd toegestaan, want het alterneren mag zowel met stijgen als met dalen beginnen. Men mag dus verwachten dat de gemiddelde N hierdoor ongeveer één hoger zal blijken te zijn (dus ongeveer 2,7) dan bij een stijgende of dalende rij.

2   Als er een stijging is opgetreden in de rij zal het laatste getal zich over het algemeen rechts in het interval [0,1], dat wil zeggen in het hoge gedeelte bevinden. Maar dan is ook de kans groot dat daar een daling op volgt. Hoeveel verschil dit met een stijgende reeks maakt is lastig te schatten.

De berekende uitkomst voor de gemiddelde lengte van de alternerende reeks blijkt ongeveer 3,8 te zijn, ruim twee hoger dan die van een stijgende reeks. De berekening, die enige kennis van differentiaalvergelijkingen vereist, wordt eveneens gegeven in appendix 3.

Tweede puzzel: een randomgenerator kiest twee getallen tegelijk op het interval [0,1].

a   Hoe groot is de kans P(<v) dat het verschil van de twee getallen kleiner is dan een vooraf gekozen getal v tussen 0 en 1?

Voor de exacte oplossing hebben we wat integraalrekening nodig (zie appendix 3). Maar ook zonder dat kunnen we al iets zeggen over de oplossing voor $P(< v)$. Het verschil van de twee getallen is altijd kleiner of gelijk aan 1, dus moet $P(< v)$ gelijk aan 1 zijn voor $v = 1$. Omdat we het verschil altijd groter of gelijk aan 0 nemen moet verder $P(< v)$ gelijk aan 0 zijn voor $v = 0$. De oplossing die in de appendix wordt gegeven is $P(< v) = v(2 - v)$ en voldoet aan beide bovenstaande voorwaarden. De kans dat het verschil tussen de twee gekozen getallen *groter* is dan v, te schrijven $P(> v)$, is natuurlijk $1 - P(< v)$ en dus gelijk aan:

$$1 - v(2 - v) = (1 - v)^2$$

Hieraan lezen we ook twee vanzelfsprekende dingen af: de kans op een verschil v groter dan 0 is gelijk aan 1 en de kans op een verschil van 1 is gelijk aan 0.

b Wat is het gemiddelde verschil tussen de twee door de random-generator gekozen getallen?

We kiezen voor een meetkundige aanpak. Een abstracte berekening met behulp van de integraalrekening leidt tot dezelfde uitkomst (appendix 3). We noemen de twee gekozen getallen x en y die samen een punt bepalen in het horizontale x-y-vlak. Het bijbehorende verschil v tussen x en y zetten we nu verticaal uit zodat we een punt (x, y, v) krijgen in de door de coördinaat-assen opgespannen (x, y, v)-ruimte (zie figuur 8):

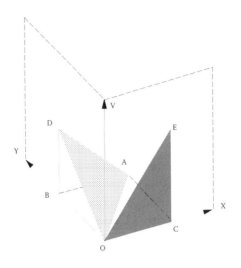

Figuur 8

Als de generator nu vele malen een paar (x, y) kiest, vormen de eindpunten van de verticaal opgerichte v-lijnen (v = |x − y|) een vlakke figuur. Deze figuur is samengesteld uit zijvlakken van twee door de lijn x = y, v = o met elkaar verbonden driezijdige piramiden op de grondvlakken OAB en OAC en met toppunten D en E. De te berekenen gemiddelde waarde van v is dus de gemiddelde lengte van de v-lijnen die de piramiden opspannen. Maar omdat het totale grondvlak van de piramiden precies één oppervlakte-eenheid is, is deze gemiddelde v tevens het totale volume van de twee piramiden. We herinneren ons nu de stelling uit de stereometrie die zegt dat het volume van een piramide gelijk is aan het derde deel van het product van grondvlak en hoogte. Omdat de hoogte van de piramiden één lengteeenheid is vinden we als eindresultaat dat het gemiddelde verschil van de door de randomgenerator gekozen getallen gelijk is aan $^1/_3$. Terwijl het gemiddelde verschil $^1/_3$ is, is de kans dat het verschil kleiner dan $^1/_3$ is volgens de formule in *a* gelijk aan $^5/_9$. De kans op een groter verschil dan $^1/_3$ is dan dus $^4/_9$.

DE QUIZMASTER EN ZIJN AUTO
VERSCHILLENDE PUZZELS OP ÉÉN THEMA

Deze titel staat voor een aantal puzzels en problemen die aanleiding tot een merkwaardig misverstand kunnen geven (zie referenties 4, 5 en 7). Wanneer een bepaald experiment twee elkaar uitsluitende resultaten A en B kan hebben is er een zekere neiging de kansen van het optreden van A en B beide gelijk aan $^1/_2$ te stellen, hetgeen niet gerechtvaardigd is. Indien óf A óf B optreedt weet men alleen dat de som van de kansen dat A en B optreden gelijk is aan 1.

EEN EENVOUDIG VOORBEELD

Wanneer men met een dobbelsteen werpt, werpt men hetzij 1 of 2 (resultaat A) hetzij 3, 4, 5, 6 (resultaat B). De som van de kansen op A en B is 1, maar de kans om 1 of 2 te werpen is geenszins $^1/_2$, maar $^1/_3$. Er volgen nu vier onderling verwante puzzels waarbij de kansen schijnbaar $^1/_2$-$^1/_2$ ('fifty-fifty') maar in werkelijkheid $^1/_3$-$^2/_3$ zijn.

HET GESLACHT VAN DE TWEE KINDEREN

Iemand ontmoet in de trein een jeugdvriend. Herinneringen worden opgehaald en de levensloop na hun laatste ontmoeting wordt verteld. De jeugdvriend zegt onder andere dat hij twee kinderen heeft, van wie de ene Otto heet. Wat is de kans dat het andere kind ook een jongen is? Iemand die niet nadenkt zal 50% zeggen. Het is immers een jongen óf een meisje?

De juiste redenering is als volgt. Bij het krijgen van twee kinderen zijn er vier mogelijkheden:

1 Het oudste is een jongen, het jongste is een meisje.
2 Het oudste is een meisje, het jongste een jongen.
3 Beide kinderen zijn jongens.
4 Beide kinderen zijn meisjes.

De vier mogelijkheden zijn even kansrijk. Uit het verhaal van de jeugdvriend blijkt dat het vierde geval zich niet voordoet. In de drie overblijvende – even kansrijke – gevallen is slechts in één geval (het derde) een broer aanwezig naast Otto. De kans dat het andere kind een jongen is, is dus $^1/_3$. Dit geldt overigens alleen als de informatie: 'een van de kinderen is een jongen' betekent dat uit alle families met ten minste één zoon er willekeurig één gekozen wordt. Zou de vriend namelijk hebben verklaard dat het *oudste* (of jongste) kind Otto heette dan was de kans op een broertje natuurlijk 50% geweest.

DE DRIE KASTJES EN DE ZES MUNTEN

In een kamer bevinden zich drie ladekastjes, elk met twee laden boven elkaar. Drie gouden en drie zilveren munten zijn over de laden verdeeld, zodanig dat één kastje twee gouden munten, één kastje twee zilveren munten en het overblijvende kastje een gouden en een zilveren munt bevat. Iemand die van het bovenstaande op de hoogte is, treedt de kamer binnen. Hij weet niet in welke volgorde de kastjes staan. Hij maakt een lade van een kastje open en treft daarin een gouden munt aan. Wanneer hij ook de andere lade van het kastje opent, wat is dan de kans dat hij daarin ook een gouden munt aantreft? Ook hier is men snel geneigd te zeggen: 50%, men heeft immers het kastje met twee gouden munten, of het kastje met een gouden en een zilveren munt te pakken, nietwaar? Deze oplossing is opnieuw onjuist. Men moet zich namelijk afvragen welke munten nog aangetroffen kunnen worden in de tweede lade. Als we de gevonden gouden munt G_1 noemen, kunnen nog twee gouden munten worden gevonden, die we G_2 en G_3 noemen. De mogelijk te vinden zilveren munt noemen we Z. Nu zijn de volgende drie even kansrijke verdelingen van G_1, G_2, G_3 en Z over de twee betreffende kastjes mogelijk (zie figuur 9):

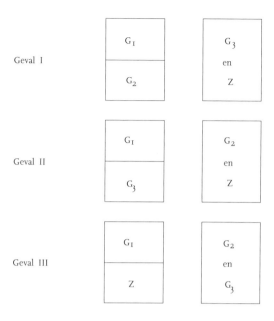

Figuur 9

In twee van de drie gevallen is de andere lade van het gekozen kastje bezet door een gouden munt. De kans op het vinden van een gouden munt in de tweede lade is dus $2/3$.

Bij deze puzzel is een strenge berekening mogelijk door gebruik te maken van de productregel van de kansrekening (zie hoofdstuk 1). De kans op het optreden van A en B is gelijk aan de kans P_A, dat A optreedt vermenigvuldigd met de kans $P_{B/A}$, dat B optreedt indien A ook optreedt. In formule:

$$P_{AB} = P_A \times P_{B/A}$$

In ons geval van de munten is P_A de kans om een gouden munt in de eerste lade te vinden, een kans die gelijk is aan $1/2$. P_{AB} is de kans om bij het openen van beide laden van een kastje twee gouden munten aan te treffen. Deze P_{AB} is duidelijk gelijk aan $1/3$. Met bovenstaande regel vindt men $P_{B/A} = 2/3$, zoals in het voorafgaande werd gedemonstreerd.

Tijdens een tv-quiz gaat een quizmaster met een kandidaat voor de hoofdprijs naar een gedeelte van het toneel waar zich drie deuren bevinden die toegang geven tot kamers. In een van de drie kamers staat een auto, de beide andere kamers zijn leeg. De quizmaster geeft de kandidaat de gelegenheid de auto te winnen door hem een deur te laten aanwijzen. De quizmaster, die weet achter welke deur de auto schuilgaat, opent vervolgens een deur en toont de kandidaat een lege kamer. Hierna vraagt de quizmaster aan de kandidaat of hij bij zijn keuze blijft of dat hij liever wil switchen naar de andere nog gesloten deur. Wat moet de kandidaat doen om de kans op het winnen van de auto zo groot mogelijk te maken?

Wie denkt dat het er niet toe doet welke deur de kandidaat kiest heeft de situatie niet goed begrepen. De eerste keuze van de kandidaat geeft hem een kans van $^1/_3$ om de auto te winnen. Stel dat hij inderdaad de auto te pakken heeft. Natuurlijk moet hij dan niet switchen! Maar in $^2/_3$ van de gevallen heeft hij eerst een *lege* kamer gekozen. In zo'n geval doet zich een andere situatie voor. Door de vriendelijkheid van de quizmaster om de *andere lege* kamer te laten zien levert switchen de kandidaat dan *met zekerheid* de auto op. Switchen is dus twee keer zo kansrijk ($^2/_3$) als bij de eerste keuze blijven (zie figuur 10).

De quiz met de auto is op de Amerikaanse en Nederlandse televisie vertoond, met emotionele discussies over de gevolgde redeneringen.

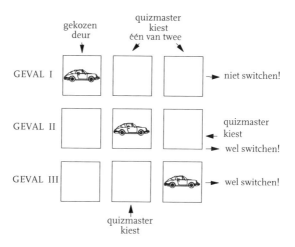

Figuur 10

Om de drie beschreven puzzelsituaties nog beter te begrijpen kunt u een aantal varianten van de zojuist behandelde puzzels proberen op te lossen.

14 We keren terug naar de drie kastjes waarin op de in dit hoofd- stuk beschreven wijze drie gouden en drie zilveren munten in laden zijn gestopt. Iemand komt de kamer in en kijkt in de bo- venste lade van een kastje. Als hij weer weg is worden de 'kast- jes' door elkaar 'geschud'. Hij gaat opnieuw de kamer binnen en kijkt nu in de onderste lade van een kastje. Wat is de kans dat hij de eerste keer een gouden munt ziet en de tweede keer een zilveren?

15 Bij een tv-quiz toont de quizmaster de kandidaat een aantal deuren. Achter een van de deuren bevindt zich een auto. De kandidaat kiest een deur waarna de quizmaster, die weet waar de auto staat, een lege kamer laat zien. Er wordt gegeven dat de kans om de auto níet te winnen als de kandidaat níet switcht driemaal zo groot is als de kans om de auto wél te

winnen als de kandidaat wél switcht. Hoeveel deuren waren er?

In een land geregeerd door een despoot bevindt zich een gevangenis met daarin drie gevangenen, A, B en C. Op een dag besluit de despoot dat de volgende ochtend een van de gevangenen zal worden verbannen, terwijl de beide anderen zullen worden vrijgelaten. Hij deelt zijn besluit en de naam van de ongelukkige mee aan de cipier. Deze laatste mag echter de tot verbanning veroordeelde niet van zijn rampspoed op de hoogte brengen. Op de vooravond van de verbanning raakt de cipier in gesprek met gevangene A. Hij vertelt hem dat de volgende dag één van de drie gevangenen wordt verbannen en dat de anderen hun vrijheid zullen herkrijgen. Na de eerste schrik wordt A nieuwsgierig, maar de cipier wil hem niet vertellen wie het slachtoffer wordt. Dan zegt A: 'Noem me dan ten minste de naam van een van mijn medegevangenen, B of C, die wordt vrijgelaten.' Na enig nadenken beseft de cipier dat na zijn antwoord A niet kan weten of hij al of niet zal worden verbannen, en hij zegt: 'B zal worden vrijgelaten.' Hierbij moet worden opgemerkt dat de cipier geen persoonlijke voorkeur toont, dat wil zeggen in het geval dat zowel B als C zullen worden vrijgelaten noemt hij met gelijke waarschijnlijkheid een van beiden. Hoe groot is nu de kans dat A zal worden verbannen? Ook hier kan men weer denken dat het antwoord 50% is. Immers, A of C zal worden verbannen. Het juiste antwoord is echter weer $^1/_3$. Vóór de informatie die de cipier geeft is de kans dat A wordt verbannen vanzelfsprekend $^1/_3$. Nu dient men te beseffen dat de cipier met zijn uitspraak slechts schijnbaar enige informatie aan A geeft. In werkelijkheid kan hij altijd de naam van B of C noemen als vrij te laten persoon en A kan ook weten dat hij in antwoord op zijn verzoek ten minste de naam te horen zal krijgen van óf B óf C, een van zijn twee medegevangenen. Deze informatie is in feite géén informatie. A kan derhalve geen nieuwe conclusie trekken en zijn kans blijft daarom gewoon $^1/_3$.

We begrijpen nu ook de ontsteltenis van C, die stiekem mee-geluisterd heeft: zijn kans om verbannen te worden wordt plot-seling verdubbeld tot $2/3$. C krijgt wél informatie van de cipier omdat de oorspronkelijke kans van $2/3$ dat hetzij B hetzij C wordt verbannen, door de bekendmaking van de vrijlating van B plotseling geheel wordt toegekend aan de verbanning van C (zie referentie 5).

DE INTRANSITIEVE TOLLEN

Wanneer de kans op het optreden van verschijnsel A kleiner is dan de kans op het optreden van verschijnsel B en wanneer de kans op het optreden van verschijnsel B kleiner is dan de kans op het optreden van verschijnsel C, is de kans op het optreden van verschijnsel A kleiner dan de kans op het optreden van verschijnsel C. Men noemt dit de *transitieve* eigenschap van kans. Bij de drie tollen die nu besproken worden geldt – on-danks het feit dat de kansrekening een rol speelt – de transitivi-teit niet, vandaar bovenstaande titel.

Een dobbelsteen werpen geeft een keuze uit zes mogelijke resultaten. Is dit aantal anders, dan kan men gebruik maken van tollen. Als het aantal resultaten drie is bestaat zo'n tol uit een gelijkzijdig driehoekig draaiblad en een centrale as. Langs de drie zijden zijn getallen aangebracht. Net als bij dobbelste-nen kan men twee van dergelijke tollen een wedstrijd tegen elkaar laten spelen: wie het hoogste gooit of draait wint. Bij twee dobbelstenen of gelijke tollen zijn winst en verlies gelijk verdeeld. Met verschillende getallen op twee tollen kan het zijn dat de ene tol gemiddeld zal winnen van de andere tol. Iedere draaiing van de tollen geeft negen mogelijke wedstrijdresulta-ten. De winst-verlies-statistiek daarvan bepaalt welke tol de bes-te is. In figuur 11 zijn nu drie tollen afgebeeld, elk met hun drie getallen, de getallen van 1 tot en met 9.

A B C

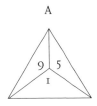 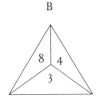 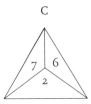

Figuur 11

Het blijkt nu dat tol A in vijf van de negen gevallen van B wint. B op zijn beurt wint in vijf van de negen gevallen van tol C. Men verwacht nu dat tol A gemakkelijk van tol C zal winnen. Niets is minder waar: tol C wint in vijf van de negen gevallen van tol A! Men kan deze tollen daarom intransitief noemen. Als twee personen een tolwedstrijd gaan spelen en daartoe een van de drie tollen moeten kiezen, zal de speler die de eerste keuze heeft zeker verliezen. Kiest hij bijvoorbeeld tol A, dan kiest de tegenstander tol C, enzovoort.

HET TELEVISIEPROGRAMMA MET STELLEN DIE EEN REIS KUNNEN WINNEN

In een dating-programma op televisie leren drie jongens en drie meisjes elkaar kennen. Na beantwoording van vragen over en weer kiezen alle jongens een meisje en alle meisjes een jongen. De keuzes geschieden onder geheimhouding. Na afloop worden de keuzes openbaar gemaakt en wanneer een jongen en een meisje elkáár blijken te hebben gekozen, mogen ze samen een reis maken. De vraag is hoeveel reizen er gemiddeld per spel gemaakt zullen worden. Een jongen redeneert als volgt: 'Bij elk meisje is er een kans van $1/3$ dat ze mij kiest en $2/3$ dat ze mij niet kiest. Eén, twee of drie meisjes, of geen enkel meisje kan mij kiezen. De kans dat ik nul keer gekozen word, is $(2/3)^3 = 8/27$, één keer $3 \times (1/3) \times (2/3)^2 = 12/27$, twee keer $3 \times (1/3)^2 \times 2/3 = 6/27$ en drie keer $(1/3)^3 = 1/27$. Hoeveel reizen levert mij dit op? Als ik nul keer gekozen word, blijf ik thuis. Als één meisje mij kiest is er $^1/_3$ kans dat ik haar kies, dit is goed voor $^1/_3 \times {}^{12}/_{27}$ = $^{12}/_{81}$ reisje. Als er twee meisjes zijn die mij kiezen heb ik een kans van $^2/_3$ het juiste meisje te kiezen, goed voor $^2/_3 \times {}^6/_{27}$ = $^{12}/_{81}$ reisje. Als drie meisjes mij kiezen, kies ik altijd goed, dat levert nog eens $^3/_{81}$ reisje op. Het totaal van al deze gevallen is $^1/_3$ reisje. De andere jongens redeneren net als ik, dus zal er gemiddeld één reis worden gemaakt.'

Het blijkt verder dat er gemiddeld altijd één reisje zal worden gemaakt, hoeveel jongens en meisjes er ook aan het programma meedoen. Dit volgt niet direct uit het betoog van de jongen. Het kan directer als volgt: 'Ik kies in ieder geval een bepaald meisje. De kans dat zij op haar beurt mij kiest is $^1/_3$. Wij zijn dus samen goed voor $^1/_3$ reis. De andere jongens hebben dezelfde kans. Er zal dus gemiddeld één reis worden weggegeven.' Het is duidelijk dat deze redenering geldig is voor een willekeurig aantal paren.

DE ZEILER EN DE DRIE VUURTORENS

Een zeiler maakt een tocht op zee. Zijn bootje is maar klein, hij komt in moeilijkheden en verdwaalt. Maar na enige tijd doemt er een rij van drie eilanden op, met op ieder eiland een vuurtoren.

Gelukkig heeft de zeiler een uitstekende kaart bij zich, waarop de eilanden en hun vuurtorens duidelijk staan aangegeven. Bovendien is hij in bezit van een kompas. Met behulp van dit instrument is hij in staat de drie verbindingslijnen tussen de vuurtorens en het bootje op zijn kaart te tekenen (zie figuur 12).

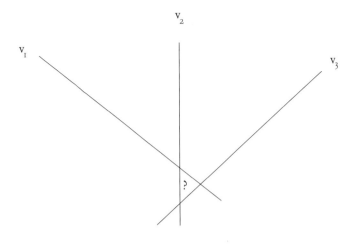

Figuur 12

In het ideale geval zullen de drie lijnen door één punt gaan. De meting met het kompas is echter aan een toevallige meetfout onderworpen, waardoor de drie lijnen een driehoek zullen omsluiten die de figuur reeds toont. Aangezien aangenomen wordt dat het kompas géén systematische meetfout heeft, is de verdeling van de richtingafwijking ten opzichte van de juiste lijn links-rechts symmetrisch. De vraag is nu: hoe groot is de kans dat de zeilboot zich binnen het driehoekje tussen de lijnen bevindt? Het antwoord is niet moeilijk te geven. Toch hebben velen moeite met deze puzzel, omdat de meetkundige aanpak nogal verborgen is. Bij een meetfout kunnen de drie lijnen zowel aan bakboord als aan stuurboord langs de boot lopen. Dit geeft in totaal $2^3 = 8$ manieren waarop de lijnen langs de boot kunnen lopen. Wanneer men deze acht gevallen tekent ziet men in twee gevallen de boot in de driehoek terechtkomen (zie figuren 13a en 13b). De kans dat de boot zich na de drie metingen in de driehoek bevindt is dus $^1/_4$ (of 25%). Hierbij moet nog worden opgemerkt dat de zeiler geen gebruik kan maken van toevallige meetgegevens als bijvoorbeeld vorm en oppervlak van de gevonden driehoek. In een statistiek van zeer veel peilingen zijn die meetgegevens namelijk steeds weer anders.

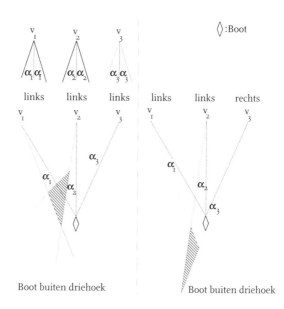

Figuur 13a

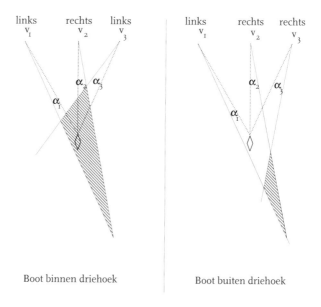

Figuur 13b

84

Vraag: hoeveel mensen moeten bij elkaar komen om een kans van minstens 50% te hebben dat twee of meer mensen in het gezelschap op dezelfde dag jarig zijn?

We gaan alleen van gewone jaren met 365 dagen uit. De kans dat twee mensen op dezelfde dag jarig zijn is $1/365$, de kans dat ze op verschillende dagen jarig zijn is $364/365$. De kans dat drie mensen verschillende verjaardagen hebben is $(364/365) \times (363/365) = 0,992...$, dus de kans dat twee of drie van hen op dezelfde dag jarig zijn is nog maar ongeveer 0,8%. De kans dat vier mensen op verschillende dagen jarig zijn is $(364/365) \times (363/365) \times (362/365) = 0,984$. In dit kwartet is de kans op twee of meer dezelfde verjaardagen al 1,6%. Dit laatste percentage stijgt bij toenemend aantal mensen meer en meer tot het bij 23 mensen boven de 50% uitstijgt, namelijk 50,73%. Om volledig zeker te zijn dat twee mensen in een groep op dezelfde dag jarig zijn moet die groep uit 366 of meer personen bestaan. Men zou oppervlakkig kunnen denken dat de helft van dit aantal, 183, nodig zou zijn om de kans tot 50% te laten dalen. Zoals men ziet is het werkelijke aantal verrassend lager.

HET TENNISTOERNOOI

Acht tennissers houden een toernooi, bestaande uit een eerste ronde, de halve finales en de finale. De spelers hebben een *rating* zodat we hen geordend naar hun sterkte op een lijst kunnen plaatsen. De sterkste speler noemen we speler één, de op één na sterkste speler is speler twee, enzovoort. De zwakste speler is dus speler acht. In elke ronde zal worden geloot wie tegen wie zal spelen. Als we ervan uitgaan dat er zich geen verrassingen zullen voordoen, dat wil zeggen dat de sterkst geplaatste speler steeds ieder duel wint, willen we de kans berekenen dat speler twee tijdens het toernooi tegen speler zeven komt te spelen. Deze kans op de eenmalige gebeurtenis is weer op te vatten in statistische zin: we stellen ons voor dat het toernooi vele malen gespeeld is en beschouwen de gevraagde kans als het percentage toernooien waarin speler twee speler zeven ontmoet.

De oplossing van dit probleem gaat als volgt. De gezochte kans is de kans dat twee en zeven elkaar in de eerste ronde ontmoeten vermeerderd met de kans dat ze in de halve finale tegen elkaar spelen. (Aangezien we hebben aangenomen dat er zich geen verrassende uitslagen zullen voordoen kan zeven nooit in de finale spelen!) De kans op een treffen in de eerste ronde is duidelijk $1/7$ want elke speler kan met gelijke kans tegen zeven andere spelers loten. Voor een treffen in de halve finale moet aan twee voorwaarden worden voldaan. Speler zeven móet in de eerste ronde tegen acht spelen anders wordt hij uitgeschakeld, en speler twee mag niet tegen één spelen anders ligt hij er ook uit. De kans op een partij zeven tegen acht is weer $1/7$ en omdat twee dan tegen drie, vier, vijf of zes moet spelen en niet tegen één is zijn kans op een plaats in de halve finale $4/5$. De kans dat beide spelers, twee én zeven, doorgaan naar de halve finale is volgens de productregel gelijk aan: $4/5 \times 1/7 = 4/35$. De kans op hun ontmoeting in de halve finale áls ze daarin zijn doorgedrongen is $1/3$ want elk van de vier spelers kan met gelijke kansen tegen drie andere spelers loten. De uiteindelijke kans op de partij twee tegen zeven in de halve finale is dus: $4/35 \times 1/3 = 4/105$. De kans op een partij van speler twee tegen speler zeven tijdens het toernooi wordt hiermee: $1/7 + 4/105 = 19/105$ of ongeveer $18,1\%$.

OPGAVE VOOR DE LEZER

16 *Stel dat in bovenstaand toernooi alle spelers in hun partijen een kans van 50% op de winst hebben. (Dus een uitkomst niet bepaald door de rating!) Hoe groot is nú de kans dat de op één na sterkste speler uitkomt tegen de op één na zwakste speler?*

EEN BEPALING VAN π MET EEN
NAALDENSTROOIEND VLIEGTUIG

Het beroemdste en meest opmerkelijke van alle getallen is het getal π, dat de verhouding tussen omtrek en diameter van een cirkel weergeeft en de oppervlakte van een cirkel met straal 1. Het is irrationeel en transcendent en heeft oneindig veel decimalen. De Babyloniërs dachten 4000 jaar geleden dat π hetzij 3, hetzij $3^{1/8}$ was. De Japanners Tamura en Kanada produceerden in 1983 met hun computer π in $2^{24} = 16.777.216$ decimalen. Veel wetenswaardigs over π vindt de lezer in referentie 8.

Vele jaren geleden werd een methode bedacht om π langs experimentele weg te benaderen. De methode berust op een kansrekeningprobleem waarvan de uitkomst het getal π bevat.

Een vliegtuig is volgeladen met een enorme hoeveelheid uiterst dunne naalden die alle een lengte van = 10 centimeter hebben. Het toestel strooit deze naalden gelijkmatig uit boven een weiland waarop op onderlinge afstand van tien centimeter uiterst dunne evenwijdige krijtstrepen zijn aangebracht. Een legertje mensen gaat daarna aan het tellen, zowel de naalden die op een krijtstreep terechtkwamen als de naalden die keurig *tussen* twee strepen in zijn gevallen. Zo bepaalt men het percentage P van de naalden die op een streep zijn gevallen. Hierna volgt π uit de betrekking:

$$\pi = \frac{2}{P}$$

Voor de berekening wordt figuur 14 gebruikt.

Een naaldje is weergegeven met middelpunt op afstand s van het midden tussen twee krijtstrepen en dat net een krijtstreep aanraakt. Voor de hoek φ (zie figuur 14) geldt:

$$\cos\varphi = \frac{\frac{1}{2}L - s}{\frac{1}{2}L}, \text{ dus } \varphi = \arccos\left(1 - \frac{2s}{L}\right)$$

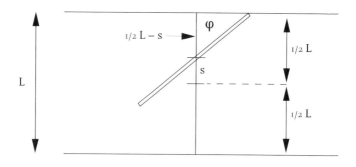

Figuur 14

De naald zal een krijtstreep snijden als haar hoek met de verticaal kleiner dan ϕ is. De kans op snijden wordt daarmee:

$$P_s = \frac{2\phi}{\pi} = \frac{2}{\pi} \arccos\left(1 - \frac{2s}{L}\right)$$

Nu moet nog gemiddeld worden over s tussen o en ½L.

$$P = \frac{2}{L} \int_o^{\frac{1}{2}L} \frac{2}{\pi} \arccos\left(1 - \frac{2s}{L}\right) ds = \frac{2}{\pi}. \text{ Dus } \pi = \frac{2}{P}.$$

KINDERSPEL OP STRAAT

Twee kinderen, Anneke (A) en Bart (B), spelen een spelletje op straat. Ze staan op enige afstand van elkaar en proberen elkaar met een (zachte!) bal te raken. A begint met de bal naar B te gooien en B naar A. Dit duel stopt wanneer óf A óf B is geraakt. Wie ongeraakt blijft is winnaar. Bij gegeven constante trefkansen van A en B vraagt men naar de winstkansen van beide deelnemers en naar het gemiddelde aantal worpen dat het duel duurt (zie referentie 6). De gang van zaken is nog eens in figuur 15 aangegeven. Stel dat A een kans p heeft om B te raken en dat B een kans q heeft om A te raken.

A  B

trefkans p   trefkans q

Figuur 15

Stel verder dat de winstkans van A als zij aan de beurt is gelijk
is aan P_1 en als zij niet aan de beurt is gelijk is aan P_2. De analo-
ge winstkansen voor B worden P_3 (B aan de beurt) en P_4 (A aan
de beurt) genoemd. Dan is:

$$P_1 = p + (1 - p)P_2$$

De term in het linkerlid is de winstkans bij A aan de beurt, de
tweede term in het rechterlid is het product van de kans dat B
nog aan de beurt komt en de winstkans van A wanneer B aan
de beurt is.

Met soortgelijke redeneringen kan men de volgende betrek-
kingen opstellen:

$$P_3 = q + (1 - q)P_4$$
$$P_2 = q \times 0 + (1 - q)P_1$$
$$P_4 = p \times 0 + (1 - p)P_3$$

De oplossing van de vier vergelijkingen met vier onbekenden
luidt:

$$P_1 = \frac{p}{p + q - pq}$$

$$P_2 = \frac{p(1 - q)}{p + q - pq}$$

$$P_3 = \frac{q}{p + q - pq}$$

$$P_4 = \frac{q(1 - p)}{p + q - pq}$$

Een voorbeeld: $p = 3/4$ (A kan goed mikken) en $q = 1/4$ (B moet
meer oefenen). In dat geval is $P_1 = 12/13$, $P_2 = 9/13$, $P_3 = 4/13$ en
$P_4 = 1/13$. We zien dat $P_1 + P_4 = P_2 + P_3 = 1$. Dit volgt direct uit de
betekenis van de P's.

Hoe lang duurt het duel nu gemiddeld? Stel de gemiddelde duur als A aan de beurt is bedraagt N_A worpen en N_B wanneer B aan de beurt is. Met de KAF vindt men dan:

$$N_A = p \times 1 + (1 - p)(N_B + 1)$$

De eerste term van het rechterlid is de kans op in totaal 1 worp, p, maal de duur van deze ene worp die immers 1 is. De eerste factor van de tweede term, $(1 - p)$, is de kans dat het langer dan één worp duurt. De tweede factor bevat de som van het aantal worpen, N_B, nu B aan de beurt is en de eerste worp van A (dat is de 1). Evenzo kan men voor het geval B begint afleiden:

$$N_B = q \times 1 + (1 - q)(N_A + 1)$$

De oplossingen voor N_A en N_B zijn:

$$N_A = \frac{2-p}{p+q-pq}$$

$$N_B = \frac{2-q}{p+q-pq}$$

Met het vorige getallenvoorbeeld voor p en q vinden we dan $N_A = 1^7/_{13}$, $N_B = 2^2/_{13}$. Het duel is dus heel kort omdat A zo goed kan mikken. Om dezelfde reden duurt het duel het kortst als A mag beginnen.

PUZZEL VOOR DE DOORZETTER (ZIE HOOFDSTUK 3)
We kunnen het kinderspel uitbreiden tot drie personen die in een driehoek staand elkaar wederom op dezelfde zachtzinnige manier proberen uit te schakelen, een triël – of driegevecht – dus. Dezelfde vragen kunnen worden gesteld: winstkansen en gemiddelde aantal worpen van de drie deelnemers. Hierbij worden de resultaten van het duel gebruikt.

HET STOKBREEKPROBLEEM

Een dunne rechte stok wordt in drie stukken gebroken. Men vraagt naar de kans dat van de drie delen een driehoek kan worden gelegd (zie referentie 5). We beschouwen drie manieren waarop de stok kan worden gebroken.

a   De stok wordt tegelijkertijd op twee willekeurige plaatsen gebroken. We lossen het probleem rekenkundig op. De lengte van de stok stellen we op 1. Na de breking leggen we de stukken weer aan elkaar met links het grootste stuk en rechts het kleinste stuk (zie figuur 16).

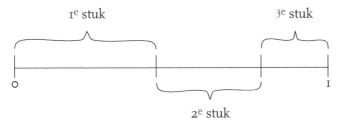

Figuur 16

Het rechteruiteinde van het grootste stuk ligt tussen $^1/_3$ en 1, kan dus een lengte $^2/_3$ doorlopen. Maar de som van de twee andere lengten moet groter zijn dan de lengte van het grootste stuk, anders kan geen driehoek worden gelegd. Daardoor mag het grootste stuk niet langer zijn dan $^1/_2$. De kans op het leggen van een driehoek is dus:

$$\frac{\frac{1}{2} - \frac{1}{3}}{\frac{2}{3}} = \frac{1}{4}$$

Men kan ook meetkundig te werk gaan. Construeer een gelijkzijdige driehoek en daarin een kleinere die de middens van de zijden verbindt (zie figuur 17).

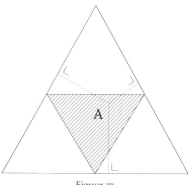

Figuur 17

Als we vanuit een willekeurig punt A binnen de grote driehoek de drie loodlijnen op de zijden neerlaten is de som van hun lengten constant, namelijk gelijk aan de hoogte van de driehoek. De drie hoogtelijnen kunnen dus de drie delen van de stok voorstellen. Slechts als het punt A binnen de gearceerde driehoek ligt is elke loodlijn korter dan de som van de andere twee loodlijnen, zodat de drie een driehoek kunnen vormen. De kleine driehoek heeft een oppervlak dat $1/4$ is van die van de grote driehoek, waarmee de kans van $1/4$ opnieuw gevonden is.

b   De stok wordt op een willekeurige plaats in tweeën gebroken en vervolgens wordt het *grootste* van de twee delen in tweeën gebroken.

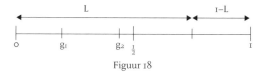

Figuur 18

De stok van 1 meter lengte heeft na de eerste breuk twee stukken met lengte L (het grootste, linkerstuk) en 1 – L (het kleinste, rechterstuk), zie figuur 18.

L beweegt zich dus tussen de grenzen $^1/_2$ en 1. De tweede breuk moet, om van de drie stukken een driehoek te kunnen leggen, plaatsvinden tussen twee grenzen g_1 en g_2. Links van g_1 zouden namelijk het linker kleine deel en het rechter kleine deel samen niet meer groter zijn dan het grote middendeel. Evenzo zouden rechts van g_2 het kleine middendeel en het kleine rechterdeel samen niet meer groter zijn dan het grote linkerdeel. De kans op het leggen van een driehoek wordt hiermee dus $(g_2 - g_1)/L$. g_1 is bepaald door $g_1 + 1 - L = L - g_1$ of $g_1 = L - ^1/_2$. Omdat g_2 natuurlijk gelijk is aan $^1/_2$, wordt de kans op een driehoek leggen $(g_2 - g_1)/L = (1 - L)/L$. Om de gemiddelde kans op het leggen van een driehoek te bepalen moeten we nog middelen over L tussen $^1/_2$ en 1. De berekening met behulp van de integraalrekening is in appendix 4 te vinden. De uitkomst blijkt te zijn 38,62944...%.

c De stok wordt op een willekeurige plaats in tweeën gebroken, vervolgens wordt lukraak een van de beide stukken gekozen (kansen $^1/_2$), dat ten slotte in twee stukken wordt gebroken. Dit geval is na b eenvoudig te behandelen. Breken van het kleinste deel (kans $^1/_2$) levert nooit het leggen van een driehoek op. Dus is de gezochte kans de helft van die in geval b, ongeveer 19%.

DE TWEE LEKKENDE BADKAMERKRANEN

Een badkamer heeft twee kranen, één voor het bad en één voor de vaste wastafel. De badkraan lekt om de zeventien seconden een druppel. De wastafelkraan lekt eveneens, en wel elke 23 seconden een druppel. Alle druppels vallen op de secondetik, zodat onderdelen van seconden niet beschouwd hoeven te worden. Een persoon treedt op een willekeurig moment van de dag de badkamer binnen. Hoe lang zal deze persoon gemiddeld moeten wachten tot hij twee druppels ten hoogste één seconde na elkaar heeft horen vallen? (zie figuur 19).

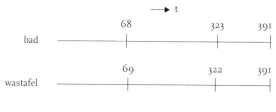

Figuur 19

Omdat 17 en 23 onderling ondeelbare getallen zijn is er een tijdstip waarop beide kranen tegelijk een druppel produceren, terwijl dit pas weer gebeurt na $17 \times 23 = 391$ seconden. Tijdens deze periode van 391 seconden komt het echter twee keer voor dat de kranen met een tussenpoos van 1 seconde druppelen, namelijk na 68 seconden (bad) en 69 seconden (wastafel), en na 322 seconden (wastafel) en 323 seconden (bad). De wachttijd moet dus over drie gedeelten van een periode van 391 seconden afzonderlijk gemiddeld worden. Aldus vindt men voor de gemiddelde wachttijd:

$$^{68}/_{391} \times 35 + {}^{254}/_{391} \times 128 + {}^{69}/_{391} \times 34,5 = 95 {}^{15}/_{46} \text{ seconden.}$$

SINTERKLAAS EN HET LOOTJES TREKKEN

Voor een Sinterklaasfeest trekt een groep mensen van N personen lootjes opdat ieder aan een van de anderen een cadeautje kan geven. Dit loten mislukt als ten minste één lid van de groep zichzelf loot. De volgende vraag heeft dus enig praktisch nut. Wat is de kans dat niemand zichzelf loot? De oplossing is afhankelijk van twee aantallen die men kan variëren. De kans dat i personen zichzelf loten noemen we $F_N(i)$, waarbij uitdrukkelijk geldt dat de resterende personen zichzelf níet loten. Hoewel i de waarde 0, 1, 2, ... , N – 1, N kan aannemen is $F_N(N-1) = 0$. Immers, als alle personen op één na hun eigen lootje trekken, moet de laatste persoon ook het eigen lootje ontvangen.

We gaan nu de gevraagde $F_N(0)$ berekenen en gebruiken daarbij het principe van inclusie en exclusie. De toepassing hiervan levert nu de kans dat niemand zichzelf trekt, $F_N(0)$, als: 1 minus de kans dat een willekeurig persoon zichzelf trekt – ongeacht wat de anderen doen – plus de kans dat twee personen zichzelf trekken – ongeacht wat de anderen doen, enzovoort. Aldus krijgen we een reeks van N termen uit te rekenen, waarin de k-de term de kans voorstelt dat k personen zichzelf kiezen ongeacht wat de anderen doen. Deze k-de term zullen we nu afleiden. De kans dat een aantal personen k zichzelf loot, ongeacht wat de loting van de N − k andere personen oplevert, wordt bepaald door het product:

$$\left(\frac{1}{N}\right) \times \left(\frac{1}{N-1}\right) \times \ldots \ldots \left(\frac{1}{N-k+1}\right) = \frac{(N-k)!}{N!}$$

Maar dit product moet nog gecorrigeerd worden. Er moet namelijk vermenigvuldigd worden met het aantal manieren waarop de k personen kunnen worden gekozen uit de totale groep van N: $\binom{N}{k}$. Het product levert: $1/k!$. Met inclusie-exclusie vinden we ten slotte voor de kans $F_N(0)$ dat niemand zichzelf loot:

$$F_N(0) = \sum_{k=0}^{N} (-1)^k \frac{1}{k!}$$

Bij een zeer grote groep personen die lootjes trekt ($N \to \infty$) is de kans dat niemand het eigen lot trekt (en dat wil men toch) ongeveer gelijk aan $1/e \approx 0{,}3678\ldots$ (zie appendix 1b). Dit is iets minder dan 37% en dus eigenlijk een teleurstellend laag resultaat!

We kunnen nu met het principe van inclusie en exclusie ook de kans uitrekenen dat in een groep van N personen een bepaald gedeelte van hen, N − i, het eigen lootje níet trekt (en de overige i dus wel). Dat is precies de in het begin van dit verhaal geïntroduceerde kans $F_N(i)$. Zonder verdere afleiding geven we hier het resultaat:

$$F_N(i) = \frac{1}{i!} \sum_{k=0}^{N-i} (-1)^k \frac{1}{k!}$$

We kunnen de kansen $F_N(i)$ onderbrengen in een driehoekig schema, dat voor N = 1 tot en met 7 getoond wordt in figuur 20.

De getallen bij vaste N staan op een horizontale rij, te beginnen bij N = 1, daaronder N = 2, enzovoort. Iedere rij begint links bij i = 0, dan i = 1 en helemaal rechts i = N. De nullen die bij i = N − 1 behoren zijn weggelaten.

Het gemiddelde aantal mensen, $\overline{F}_N$, dat het eigen lootje trekt is gegeven door de bekende vorm voor het gemiddelde:

$$\overline{F}_N = \sum_{i=1}^{N} i F_N(i)$$

Verrassend is dat onafhankelijk van het aantal personen, N, de uitkomst van de middeling de waarde $\overline{F}_N = 1$ oplevert. We geven dit resultaat zonder verder bewijs. Het is ook zonder berekening enigszins in te zien. De kans dat een willekeurig persoon zijn eigen lootje trekt is namelijk 1/N. Dit betekent dat die persoon aan het gemiddelde aantal dat het eigen lootje trekt 1/N bijdraagt. Maar er zijn N personen, dus gemiddeld zal N × (1/N) = 1 persoon zichzelf trekken.

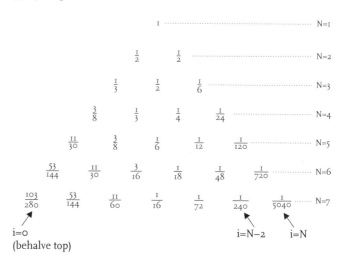

Figuur 20

We kennen de situatie allemaal: je gaat naar de bioscoop en wilt op je besproken plaats gaan zitten. Maar helaas, er zitten al mensen op de rij en je zult er dus een paar moeten lastig vallen. Haastig bereken je van welk gangpad je de rij moet ingaan om een zo klein mogelijk aantal mensen te storen. Je mompelt 'pardon' en dan glip je met minimaal lichamelijk contact langs de geïrriteerd opgestane bioscoopbezoekers. Op deze gang van zaken is het volgende puzzeltje gebaseerd.

In een bioscoop is een van twee kanten bereikbare rij van acht zitplaatsen. De acht bezoekers die deze plaatsen hebben besproken, komen in onbekende volgorde één voor één binnen en nemen hun plaats in. Wat is de gemiddelde kans dat ze kunnen gaan zitten zonder ook maar iemand te storen?

De oplossing van deze puzzel is niet moeilijk zodra men niet naar het binnenkomen kijkt maar naar het vertrekken: de voorstelling is afgelopen en de acht bezoekers verlaten (één voor één!) de bioscoop. De eerste zaalverlater mag niet storen en moet dus aan een uiteinde van de rij zitten. De kans hierop is $^2/_8$ (twee eindplaatsen op acht totaal). De tweede persoon die opstaat mag ook niet storen en moet dus eveneens aan een (eventueel nieuw) einde van de rij zitten. De kans daarop is $^2/_7$ (er is al een persoon weg). Zo redeneren we door tot alle acht bezoekers vertrokken zijn. De kans dat niemand bij het weggaan gestoord wordt, is dus: $^2/_8 \times ^2/_7 \times ... \times ^2/_3 = ^1/_{315}$. Dit is dus iets meer dan 3 promille. Een aardig extraatje: als er maar één toegang is tot de rij in plaats van twee, wordt de kans op het ongestoord gaan zitten of vertrekken niet tweemaal zo klein, maar maar liefst 128 keer zo klein!

DE WEERSVOORSPELLING VAN TWEE WEERSTATIONS

Twee weerstations geven onafhankelijk van elkaar iedere morgen een weerbericht. Uit het verleden is bekend dat het eerste weerstation in 80% van de gevallen het juiste weer voorspelt. Het tweede weerstation scoort zelfs nog beter en heeft het in 90% van de gevallen bij het rechte eind. Op een dag voorspelt het eerste station een droge dag, het tweede echter beweert dat er regen zal vallen. Wat is de kans op een regenachtige dag?

Eerst worden met behulp van de productregel uit de waarschijnlijkheidsrekening de gecombineerde kansen uitgerekend. Als we een lange reeks van deze dubbele weersvoorspellingen beschouwen zijn die in twee soorten te verdelen:

Eerste soort: de stations zijn het met elkaar eens. In $0,8 \times 0,9$ = 0,72 (72%) van alle weersvoorspellingen die ze doen, doen ze dan tevens de juiste voorspelling. In $0,2 \times 0,1 = 0,02$ (2%) van alle voorspellingen zitten ze er – achteraf – allebei naast.

Tweede soort: de stations zijn het níet met elkaar eens. In $0,8 \times 0,1 = 0,08$ (8%) van alle voorspellingen doet weerstation 1 de juiste voorspelling en weerstation 2 de onjuiste. Net andersom is het in $0,2 \times 0,9 = 0,18$ (18%) van alle voorspellingen. In totaal zijn er vier mogelijkheden met percentages: 72%, 2%, 8% en 18%. De som hiervan levert uiteraard 100% op. De in het onderhavige geval gedane weersvoorspellingen vormen nu een soort evidentie: de voorspellingen zijn van de tweede soort. De totale waarschijnlijkheid daarvan is 18% + 8% = 26%. Bij regenweer heeft het tweede weerstation goed gegokt en de kans daarop is dus $^{18}/_{26} = {}^9/_{13}$, dus bijna 70%. De eenvoud van deze oplossing is bedrieglijk want slechts weinig mensen zijn in staat na kort nadenken het juiste antwoord te geven.

Voor de liefhebbers van algebra ten slotte nog dit. Als het eerste weerstation een trefkans heeft van p, het andere een trefkans q, was in bovenstaand verhaal de kans op regen geweest:

$$\frac{q\,(1-p)}{p+q-2pq}$$

OPGAVE VOOR DE LEZER

17 *Als extra training volgt hier een klein puzzeltje. Er zijn nu drie weerstations met kansen op een juiste voorspelling van 25%, 75% en 40%. Op een dag voorspellen de beide eerste zonnig*

weer, het derde houdt het op bewolking en regen. Wat is de kans op een zonnige dag?

HET BUS-TAXIPROBLEEM

Op het traject van A naar B werken twee vervoersdiensten. Er is een busdienst, precies om het kwartier komt er bij een halte een bus langs die van A naar B gaat. Er is ook een taxidienst van A naar B, bij de halte komen de taxi's op onregelmatige tijden langs, maar het zijn er gemiddeld vier per uur. De gemiddelde wachttijd op een taxi is dus vijftien minuten. Iemand gaat vaak op een willekeurig tijdstip bij de halte staan en neemt het eerste vervoermiddel van A naar B dat langskomt. Hoe lang moet die persoon gemiddeld wachten op een bus of taxi?

Om de tamelijk moeilijke oplossing te vinden gaan we eerst een tweetal eenvoudige puzzels bekijken. Wat zou de wachttijd gemiddeld zijn als er alleen een bus liep? Met deze vraag zal niemand moeite hebben. De wachttijd kan nul zijn als er bij aankomst bij de halte net een bus aankomt, maar ook vijftien minuten, als de vorige bus net om de hoek verdwijnt (deze laatste ervaring líjken we veel vaker te hebben!). De gemiddelde wachttijd is dus $(0 + 15)/2 = 7^1/_2$ minuten.

Nu maken we het iets moeilijker door een tweede busdienst van A naar B te laten lopen. Ook die bus komt precies om het kwartier langs de halte. De tijdverschuiving (fase) ten opzichte van de eerste busdienst is echter onbekend. Wat wordt in dit geval de gemiddelde wachttijd van de reiziger? Die wachttijd vinden we door te middelen over de niet gegeven tijdverschuiving van de beide busdiensten. Komen de bussen precies gelijk bij de halte (verspilling!) dan blijft de gemiddelde wachttijd $7^1/_2$ minuten, komt de tweede bus precies $7^1/_2$ minuten na de eerste bus dan wordt de wachttijd verkleind tot $^1/_2 \times 7^1/_2 = 3^3/_4$ minuten. Gemiddeld over het faseverschil tussen de twee bussen wordt de wachttijd dan: $^1/_2 \times (7^1/_2 + 3^3/_4) = 5^5/_8$ minuten.

Ten slotte kijken we weer naar het bus-taxiprobleem dat we aan het begin stelden. Op het eerste gezicht lijkt het of het niets uitmaakt of we een tweede – periodieke – busdienst toevoegen of een taxidienst die toch ook viermaal per uur een voertuig laat langskomen. Toch maakt het verschil: het wordt veroorzaakt door het verschillende 'gedrag' van de wachttijden: als men op een *regelmatig* langskomend vervoermiddel staat te wachten hangt de wachttijd af van hoe lang het geleden is dat het vorige voertuig passeerde. Voor de *onregelmatig* passerende taxi's is de te verwachten gemiddelde wachttijd áltijd vijftien minuten. Dit leidt tot de belangrijke vraag hoe de twee soorten vervoerdiensten moeten worden gecombineerd. Er is één koppeling, de optelling van de frequenties: als het ene vervoermiddel periodiek of op willekeurige tijdstippen gemiddeld p maal per uur langskomt en het andere periodiek of op willekeurige tijdstippen q maal per uur, dan komt gemiddeld p + q maal per uur een of ander vervoermiddel langs. Daar tijd omgekeerd evenredig is met frequentie betekent dit dat als het ene vervoermiddel een verwachte wachttijd t_1 heeft en het andere een verwachte wachttijd t_2, de verwachte wachttijd t_w op het ene of het andere vervoermiddel gegeven wordt door:

$$\frac{1}{t_w} = \frac{1}{t_1} + \frac{1}{t_2}$$

Stel de passagier komt bij de halte s minuten na de vorige bus (zie figuur 21).

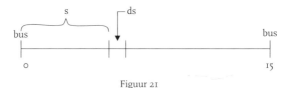

Figuur 21

De wachttijd op de bus is dan 15 – s minuten. De wachttijd op de taxi is onveranderd gemiddeld vijftien minuten. De wachttijd op bus of taxi is dus:

$$t_w = \frac{t_b t_t}{t_b + t_t} = \frac{15(15-s)}{30-s}$$

Nu moeten we nog over s, het faseverschil tussen aankomst bus en aankomst passagier, integreren (middelen). Zo vinden we de gemiddelde wachttijd $\bar{t}_w$.

$$\bar{t}_w = \frac{1}{15} \int_0^{15} \frac{15(15-s)}{30-s} \, ds = 15(1 - \ln 2) \approx 4,60 \text{ minuten}$$

We zien ten slotte dat het toevoegen van een taxidienst gunstiger is dan een tweede busdienst: met taxi's is de gemiddelde wachttijd ongeveer één minuut korter!

DE LEUGENDETECTOR

Stel dat u bij de politie bent en de opdracht hebt criminelen op te sporen. Daarbij hebt u een leugendetector tot uw beschikking. De betrouwbaarheid van de detector is helaas geen 100% en blijkt bovendien verschillend te zijn voor leugenachtige en waarheidslievende proefpersonen. Als een aantal leugenaars aan de proef wordt onderworpen, wordt 98% van hen als leugenaar ontmaskerd: het signaal is correct en positief. In 2% van de gevallen worden de leugenaars voor waarheidsprekers aangezien, het signaal is incorrect en negatief. Als daarentegen waarheidsprekers met de detector worden lastig gevallen, wordt 90% van hen terecht als waarheidslievend aangemerkt: het signaal is correct en negatief. De overige 10% heeft pech en wordt als leugenaar beschouwd ten gevolge van het incorrecte positieve signaal. De vraag is nu: als een of ander verdacht persoon door u aan de leugendetector wordt gelegd, hoe groot is dan de kans dat hij bij een positief signaal ook inderdaad een leugenaar is? U mag daarbij veronderstellen dat de verdachte een plaatsgenoot van u is en dat het aantal leugenaars in uw gemeente $^1/_2$% bedraagt.

In plaats van het toepassen van de Bayesiaanse statistiek geven we hier een oplossing die uitgaat van een groot aantal proefpersonen, een methode die meestal eenvoudig te volgen is.

Stel er worden 10.000 plaatsgenoten met de leugendetector ondervraagd. Onder hen zijn gemiddeld 9950 waarheidsprekers en vijftig leugenaars. Uit bovenstaande betrouwbaarheidspercentages volgt dat van de vijftig leugenaars er 49 als leugenaar worden gedetecteerd en toch nog één als waarheidspreker. Van de 9950 waarheidsprekers worden er 8955 eerlijk bevonden en maar liefst 995 worden als leugenaar bestempeld. Volgens de statistiek waren er 995 + 49 = 1044 personen leugenachtig bevonden. Van hen zijn er maar 49 echte leugenaars. De kans op een correct positief signaal is dus $49/1044 = 4,7\%$. Dit is een ontstellend laag percentage. Ondanks de goed ogende betrouwbaarheidspercentages van de detector is hij in het geheel niet op zijn taak berekend!

De aardige betrouwbaarheidseigenschappen worden tenietgedaan door het (gelukkig) zeer grote aantal waarheidsprekers van wie toch een relatief groot gedeelte ten onrechte als leugenaar wordt gebrandmerkt.

DE KANS DAT EEN WILLEKEURIG GEKOZEN NATUURLIJK GETAL MET EEN 1 BEGINT

Het aantal natuurlijke getallen is oneindig groot, dus een randomgenerator die een willekeurig getal kiest waarbij alle getallen gelijke kans hebben om te worden gekozen, bestaat niet (voor een beperkte verzameling kan een computer dat redelijk goed). Maar wat in werkelijkheid niet kan, kan in onze gedachten. We stellen ons daarom een computer voor met een schier onbegrensde capaciteit die een lange reeks getallen kan uitbraken, waaronder ook getallen die miljarden (of nog veel meer!) cijfers bevatten. De vraag is welk percentage van deze getallen (dus van 'alle' natuurlijke getallen) met het cijfer 1 begint. Na enig nadenken lijkt het antwoord 11,1% te zijn ($^1/_9$). Immers, de cijfers 1 tot en met 9 zullen toch gelijke kansen hebben om als eerste cijfer van een natuurlijk getal op te treden? Een nadere beschouwing leert echter dat het probleem veel gecompliceerder is. Het heeft ook al een lange geschiedenis en heeft betrekking op wat bekend staat als de wet van Benford. Deze Amerikaanse fysicus merkte in 1938 iets bijzonders op aan een grote groep bij elkaar staande getallen. De eveneens Amerikaanse astronoom Newcomb was hem hier in 1881 eigenlijk al in voorgegaan. Hij zag dat 30% van de getallen met een 1 begon en bijna 18% met een 2. Met een 3 begonnen weer minder getallen enzovoort; met een 9 begonnen maar heel weinig getallen. Dit verschijnsel deed zich voor bij uiteenlopende getallenverzamelingen als statistieken van sportuitslagen, aandelenkoersen, oppervlakten van natuurgebieden en het aantal letters of woorden van krantenartikelen. Er moest wel aan een paar voorwaarden zijn voldaan. Met uitzondering van enkele verzamelingen van getallen met een streng onderling verband (bijvoorbeeld de reeks machten van 2) moesten de getallen min of meer willekeurig bij elkaar zijn gevoegd, waarbij de woorden 'min of meer' vaag bleven. Een eenvoudig voorbeeld waarbij de gevonden regelmatigheid niet optreedt vormen de nummers in een telefoonboek van een stad, deze beginnen immers allemaal met hetzelfde cijfer! In de tweede plaats moest er zijn voldaan aan zogenaamde *schalingsinvariantie*, dat wil zeggen dat de eenheid waarin de getallen zijn uitgedrukt er niet toe doet. Bij de aandelenkoersen beginnen bijvoorbeeld de meeste getallen met een 1, of je nu de koersen in guldens of in Engelse ponden uitdrukt. Voor meer wetenswaardigheden wordt de lezer verwezen naar referenties 9 en 10.

In onze puzzel wordt de verzameling getallen waarop de wet van Benford wordt getoetst, gevormd door de getallen die door de randomgenerator worden geproduceerd. In dit geval wordt de moeilijkheid enerzijds veroorzaakt door het oneindig zijn van het aantal natuurlijke getallen, anderzijds door het feit dat men voor het bepalen van een percentage de oneindige rij altijd zal moeten afkappen bij een of ander zeer groot natuurlijk getal. In beginsel zal men het uiteindelijke percentage vinden door het afkapgetal naar oneindig te laten gaan. Noemt men:

$$f(s) = \frac{\text{aantal getallen van 1 t/m s dat met een 1 begint}}{s},$$

dan wordt het gezochte percentage P gegeven door:

$$P = \lim_{s \to \infty} f(s)$$

Om dit nader te onderzoeken zetten we f(s) in een grafiek uit tegen het 'afkapgetal' s (zie figuur 22).

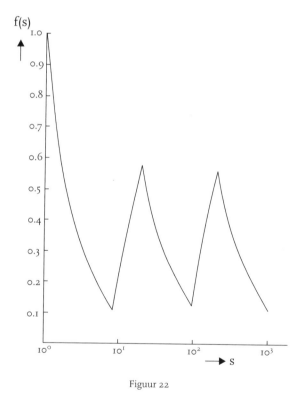

Figuur 22

Tot onze teleurstelling zien we een hevig slingerende lijn f(s) die voor een toenemend afkapgetal niet ophoudt met slingeren.

Bij een macht van 10 begint de functie te stijgen omdat daar een aaneensluitende groep van natuurlijke getallen begint die alle met een 1 beginnen. Het maximum wordt bereikt bij het laatste getal van die groep getallen die met een 1 begint (een 1 met verder allemaal negens). De maximumwaarde van f(s) begint bij 1 maar daalt vrij snel naar de ondergrens $5/9$ (zonder die ooit te bereiken). Vervolgens komt een groep getallen die niet met een 1 begint, zodat f(s) gaat dalen om ten slotte bij de volgende macht van 10 weer op het minimum van $1/9$ terecht te komen (de getallen tussen een macht van 10 en de daaropvolgende macht van 10 vormen een *decade*). Omdat f(s) voor een grote s niet naar een limietwaarde gaat, blijft de vraag naar de kans dat een willekeurig natuurlijk getal met een 1 begint vooralsnog onbeantwoord. Wel kan men een schatting maken door te stellen dat de kans gelijk zal zijn aan het gemiddelde van minimum en maximum, dus $1/2(5/9 + 1/9) = 1/3 = 0,33...$, wat later vrij dicht bij de werkelijke waarde zal blijken te liggen. We kunnen echter iets beters doen! In plaats van het grove middelen tussen minimum en maximum van f(s) kunnen we f(s) netjes middelen over alle waarden van 1 tot en met s en dit gemiddelde weer in de grafiek uitzetten op de plaats s. Dit doen we voor 'alle' waarden van s zodat we een geheel nieuwe kromme, f_2 krijgen! Voor de duidelijkheid geven we het begin van deze werkwijze:

$f(1) = 1$ Middeling voor s = 1:
$$f_2(1) = 1. \text{ Hier viel nog niets te middelen!}$$
$f(2) = 1/2$ Middeling voor s = 2:
$$f_2(2) = 1/2\,(1 + 1/2) = 3/4$$
$f(3) = 1/3$ Middeling voor s = 3:
$$f_2(3) = 1/3\,(1 + 1/2 + 1/3) = 11/18$$
$f(4) = 1/4$ Middeling voor s = 4:
$$f_2(4) = 1/4\,(1 + 1/2 + 1/3 + 1/4) = 25/48$$
$f(5) = 1/5$ Middeling voor s = 5:
$$f_2(5) = 1/5\,(1 + 1/2 + 1/3 + 1/4 + 1/5) = 137/300$$
$f(6) = 1/6$ Middeling voor s = 6:
$$f_2(6) = 1/6\,(1 + 1/2 + 1/3 + 1/4 + 1/5 + 1/6) = 49/120$$

En zo gaat men door. De lijn $f_2(s)$ heeft net als f(s) in de figuur bergen en dalen. Maar de verschillen tussen de bergen en dalen zijn veel kleiner geworden. Toch gaat als s naar oneindig gaat ook deze lijn niet naderen tot een bepaalde limietwaarde. Maar geen nood, we kunnen op $f_2(s)$ hetzelfde middelingsprocédé toepassen als we deden op f(s). Zo vinden we een nieuwe kromme $f_3(s)$ die weer minder heftig slingert dan $f_2(s)$. Ook hier blijft bij zeer grote s een klein verschil tussen toppen en dalen bestaan. Door steeds maar te blijven middelen kan men het verschil tussen toppen en dalen willekeurig klein maken. Er is wiskundig aangetoond dat alle middelingskrommen blijven slingeren om één gemiddelde waarde die men kan uitroepen tot de uiteindelijke kans dat een willekeurig gekozen natuurlijk getal met een 1 begint. Deze kans is: ^{10}log2 ≈ 30,1%. Een computersimulatie van het kiezen geeft zoals het behoort een uitkomst in de buurt van 30%.

Hierbij moet nog vermeld worden dat het percentage natuurlijke getallen dat met een 2 begint gelijk is aan ^{10}log $^3/_2$, voor drieën wordt het ^{10}log $^4/_3$, enzovoort. De zeldzame getallen die met een 9 beginnen hebben een percentage van ^{10}log $^{10}/_9$. Zoals het hoort is de som van de negen percentages gelijk aan 1. Het logaritmische verband is precies wat de wet van Benford voorspelt.

DE VIJF VLIEGTUIGSTOELEN

In een vliegtuig bevinden zich in het midden vijf zitplaatsen naast elkaar. Voor het vastsnoeren heeft elke zitplaats een gesp en een knip. De passagiers op de middelste drie plaatsen kunnen zich van links naar rechts en van rechts naar links vastsnoeren. De vijf passagiers maken hun gordel in willekeurige volgorde vast. De drie middenpassagiers hebben geen voorkeur voor de gesp links of rechts. Wat is de kans dat alle vijf de passagiers zich correct kunnen vastsnoeren? (zie referentie 7).

Noem de passagiers van links naar rechts A, B, C, D en E. Achtereenvolgens laten we elk van hen beginnen.

a A begint, en maakt altijd correct vast. Als B of E daarna komen gaat het ook goed tenzij de middelste van de overblijvende drie het fout doet vóór de buren zich aangespen. De kans op die fout is $1/6$, de kans dat het goed gaat dus $5/6$. Maar als na A de beurt is aan C of D en die kiest goed, gaat het verder helemaal goed, die kans op succes is dus $1/2$. Door middeling vinden we dat bij het beginnen van A de kans op goed aansnoeren gelijk is aan $1/2 \times (5/6 + 1/2) = 2/3$. Hetzelfde resultaat is van kracht als E begint (symmetrie).

b B begint (of D vanwege de symmetrie). Als hij correct kiest (kans $1/2$) dan zal A het goed doen en kan het alleen nog misgaan als D voor C en E aan de beurt is en verkeerd gokt. De kans op succes als B begint is dus $1/2 \times 5/6 = 5/12$.

c C begint, met kans op goed aansnoeren van 50%. Verder kan er dan niets misgaan, dus de kans op succes is $1/2$.

De totale kans P op goed aansnoeren vinden we door middeling: $P = 1/5 \times (2/3 + 5/12 + 1/2 + 5/12 + 2/3) = 8/15$.

Voor drie stoelen is de uitkomst $5/6$ (zie boven) en voor vier stoelen $2/3$. Deze puzzel is een mooi voorbeeld van nauwkeurig redeneren, maar is bij de huidige luchtvaarttechniek niet van praktisch nut.

HET SCHAAKTOERNOOI

Een wiskundige, zijn echtgenote en hun zoon spelen allen een aardig partijtje schaak. Op een dag vraagt de zoon zijn vader om honderd gulden. Vader denkt even na en zegt: 'Laten we het zo doen. Je speelt vanavond een partij schaak, morgenavond weer en overmorgenavond een derde en laatste partij. Je moeder en ik zullen om de beurt tegen je spelen. Als je twee partijen achter elkaar wint krijg je het geld.' De zoon vraagt: 'Tegen wie zal ik het eerst spelen?' De vader antwoordt: 'Dat mag je zelf zeggen.' Zoonlief weet dat zijn vader sterker speelt dan zijn moeder. Tegen wie moet hij eerst spelen om de kans op het krijgen van het geld zo groot mogelijk te maken? (zie referentie 11).

Eerst kunnen we een wat grove maar wel juiste redenering volgen. Om twee partijen op rij te winnen zal de zoon de tweede partij móeten winnen. Daarom is het voordelig om die tweede partij tegen de zwakste speler te spelen. Bovendien zal hij ten minste één keer van de sterkste speler moeten winnen en daarom is het gunstig om dat twee keer te kunnen proberen. Hij kan dus het beste eerst tegen zijn vader spelen.

Een streng bewijs gaat weer met een beetje algebra. Laat de kans op winst op vader p zijn en de kans op winst op moeder q. Dan is p kleiner dan q. Als de volgorde van de partijen vader-moeder-vader is, zijn er drie mogelijkheden om twee partijen achter elkaar te winnen:

1 Alle drie partijen worden gewonnen. De kans hierop is p^2q.

2 Alleen de eerste twee partijen worden gewonnen. De kans hierop is $pq(1 - p)$.

3 Alleen de laatste twee partijen worden gewonnen. De kans is $(1 - p)qp$. De totale winstkans voor de zoon is in dit geval $p^2q + pq(1 - p) + (1 - p)qp = pq(2 - p)$.

Als de volgorde van de partijen moeder-vader-moeder is, gelden dezelfde mogelijkheden, maar we moeten bij de berekening van de kansen p en q verwisselen. De resulterende winstkans is vanwege $q > p$ kleiner dan die bij het voorafgaande geval. De zoon kan dus het beste eerst tegen zijn vader spelen.

In een ver land regeerde eens een koning die drie dochters had, en wel een eeneiige drieling. Op een onzalige dag worden de lijfwacht van de koning en de drie dochters verliefd op elkaar. De lijfwacht vraagt de koning om de hand van één van zijn dochters. Op de vraag van de koning welke dochter hij wil huwen antwoordt de lijfwacht: 'Geeft u er maar een, ze zijn toch identiek.' Dit antwoord bevalt de koning allerminst en hij laat zijn lijfwacht in de boeien slaan.

De koning laat vervolgens een arena bouwen met toegangspoort in de zuidmuur. In elk van de drie overige muren worden twee deuren aangebracht, met achter elke deur een kamer (zie figuur 23).

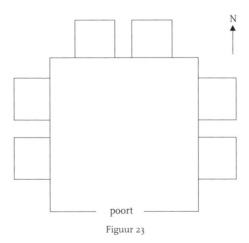

Figuur 23

Achter één paar deuren plaatst de koning twee dochters, achter een tweede paar plaatst hij twee hongerige tijgers en achter het derde paar deuren nemen de derde prinses en een tijger plaats. De lijfwacht wordt nu binnengeleid en hij is verplicht één van de zes deuren te kiezen. Hij krijgt vervolgens de sleutel toegeworpen, waarna hij de deur opent. Tot zijn opluchting verschijnt een van de prinsessen. De koning wordt hier niet vrolijk van en hij laat de lijfwacht wegvoeren. De verschenen prinses en haar onbekende partner in de naastgelegen kamer worden nu opnieuw over de twee kamers verdeeld. Dit gebeurt door het opwerpen van een gouden munt met aan de ene zijde een tijgerkop en aan de andere zijde een prinsessenhoofd. De lijfwacht wordt weer toegelaten en nu moet hij kiezen tussen één van de twee deuren waaruit hij reeds gekozen had. Opnieuw verschijnt een prinses. De ergernis van de koning is nog steeds niet over en in afwezigheid van de lijfwacht wordt de bezetting van het betrokken paar kamers opnieuw met behulp van de munt bepaald. Voor de derde en laatste keer moet de lijfwacht een keuze maken tussen de twee onheilspellende deuren. De vraag luidt: wat is op het moment van zijn derde keuze de kans dat een prinses verschijnt met wie hij vervolgens in het huwelijk mag treden? (zie referentie 12).

OPLOSSING

Na de eerste keuze – waarbij een prinses verschijnt – met kans $1/2$, is de kans dat achter de twee deuren prinsessen verborgen zijn $2/3$, en de kans op een prinses en een tijger $1/3$ (zie hiervoor de puzzel van de drie ladekastjes met munten). Om de kans te bepalen dat de lijfwacht bij zijn tweede keuze weer een prinses zal vinden, merken we op dat in twee van de drie gevallen gekozen wordt uit twee deuren met daarachter kamers met beide een prinses. Dan is hij dus zeker van een prinses. In één van de drie gevallen kiest hij uit twee kamers met een prinses en een tijger. Zijn kans op de prinses is dan $1/2$. De (gemiddelde) kans op een prinses wordt dus $2/3 \times 1 + 1/3 \times 1/2 = 5/6$. Dit kunnen we in een plaatje weergeven door drie dubbelkamers te tekenen met in twee daarvan twee prinsessen en in de derde een prinses en een tijger. De gegeven berekening van $5/6$ zien we dan terug in het verschijnen van vijf prinsessen en één tijger, zie figuur 24. Deze figuur heeft het voordeel dat we er ook uit kunnen aflezen hoe groot de kans is dat de lijfwacht na zijn tweede keuze te maken heeft met twee kamers met elk een prinses. Immers, we zien dat vier van de vijf prinsessen die gekozen kunnen worden ook een prinses naast zich hebben. De kans op twee kamers met in beide een prinses is dus na de tweede keuze gestegen van $^2/_3$ naar $^4/_5$.

I II III

Figuur 24

Nu wordt de gezochte kans dat de lijfwacht voor de derde keer een prinses kiest gelijk aan $^4/_5 \times 1 + ^1/_5 \times ^1/_2 = 0{,}9$ (of 90%). De lijfwacht hoeft dus niet al te zeer in angst te zitten. Hij hoeft zelfs steeds minder in angst te zitten als de koning door zou gaan met hem op deze wijze te kwellen. Iedere keer dat een prinses zou verschijnen mag de lijfwacht aannemen dat de kans op kamers met twee prinsessen weer verder gestegen is. Dat zal de lezer ook intuïtief wel aanvoelen.

Het verhaal gaat dat de lijfwacht inderdaad weer een prinses achter de gekozen deur vond. En ze leefden nog lang, maar over hun kans op geluk wordt in het verhaal niet gerept...

3

Puzzels voor de doorzetter
met oplossingen

DE TAFELSCHIKKING VAN EEN
AANTAL ECHTPAREN

Een interessante en moeilijke puzzel die werd opgelost door de franse getallentheoreticus F.E.A. Lucas. Hij publiceerde zijn oplossing in 1891 (zie referentie 13). De bedoeling is N echtparen aan een cirkelvormige tafel te laten plaatsnemen, zodanig dat mannen en vrouwen om en om zitten, terwijl bovendien niemand naast de eigen partner komt te zitten. De vraag daarbij is hoeveel rangschikkingen er op deze manier mogelijk zijn. Ook kan men dan, door te delen door het totale aantal mogelijkheden om om en om te gaan zitten, de kans bepalen op een correcte rangschikking wanneer het gezelschap willekeurig om en om plaatsneemt. Laten we een onderscheid maken tussen schikkingen en posities. Bij een *schikking* zit niemand naast de eigen partner, bij een *positie* zijn alle plaatsingen om en om toegestaan.

Door uittellen is het aantal schikkingen te bepalen voor kleine waarden van het aantal echtparen N. Bij één echtpaar (N = 1) is er natuurlijk één positie, maar er is geen enkele schikking. Voor N = 2 is er eveneens maar één positie en nog steeds geen schikking. Dit komt omdat er twee symmetrie-operaties zijn die tot dezelfde positie leiden: het twee plaatsen opschuiven van

iedere persoon, en spiegeling, dat wil zeggen linksom in plaats
van rechtsom langs de tafel rondgaan (zie figuur 25).

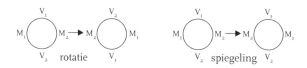

Figuur 25

Het totale aantal posities wordt voor een willekeurige N gegeven door: $(N!)^2/(2N)$. Dit levert voor $N = 3$ zes posities op. Het
blijkt dat er één correcte schikking kan worden aangegeven.
Met de namen A_1, B_1 en C_1 met de index 1 voor mannen en
index 2 voor vrouwen luidt deze schikking: $C_1B_2A_1C_2B_1A_2$.
Hierbij zit vrouw A_2 naast man C_1. Bij vier echtparen is het
aantal posities 72 en het aantal schikkingen zes. Het zijn:

$D_2C_1B_2A_1C_2D_1A_2B_1$, $A_2D_1B_2A_1C_2B_1D_2C_1$,
$A_2C_1B_2A_1D_2B_1C_2D_1$, $C_2D_1B_2A_1D_2C_1A_2B_1$,
$A_2B_1C_2A_1D_2C_1B_2D_1$ en $B_2D_1C_2A_1D_2B_1A_2C_1$.

Als het aantal echtparen vijf is wordt het aantal posities al
1440 en het aantal mogelijke schikkingen is dan al opgelopen
tot 156. In een nieuwjaarsquiz uit 1995 van de VPRO kwam de
vraag voor over tien echtparen. Hierbij is het aantal posities
$(10! \times 10!)/20 = 658.409.472.000$. Het aantal schikkingen is
het product van 439.792 en 233.280, dit is 102.594.677.760.

De exacte berekening voor het algemene geval van N echtparen is niet eenvoudig en maakt gebruik van het principe van
inclusie en exclusie uit hoofdstuk 1. We gaan uit van een vaste
rangschikking van de dames die we nummeren van 1 t/m N
langs de cirkelvormige tafel, zie figuur 26. De heren krijgen
ook een nummer en wel een gelijk aan dat van de echtgenote.

De vrouwen gaan zitten op de stoelen met een even nummer
rond de cirkelvormige tafel. In figuur 26 zijn dat de posities
genummerd 1, 2, 3, enzovoort. Op de oneven plaatsen tussen de
vrouwen staan lege stoelen waarop de mannen plaatsnemen.

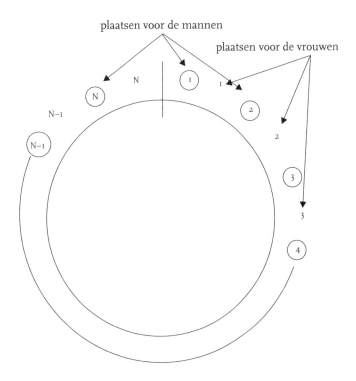

plaatsen voor de mannen

plaatsen voor de vrouwen

Figuur 26

Deze stoelen krijgen een *omcirkelde* nummering en wel zodanig dat stoel 1 réchts van de stoel 1 van 'mevrouw 1' staat, enzovoort. Omcirkelde stoel i staat dus rechts van mevrouw i klaar voor een heer. Het probleem is nu de gehele getallen 1 t/m N, die symbool zijn voor de nummering van de mannen (man i is getrouwd met vrouw i), zodanig op de omcirkelde posities rond de tafel te plaatsen dat voor alle i's van 1 t/m N (man) getal i niet op positie i en ook niet op positie i + 1 komt (respectievelijk rechts en links van mevrouw i).

Om de toepassing van het principe van inclusie en exclusie voor te bereiden noemen we E(i) de verzameling van álle posities waarbij echtgenoot i wel naast zijn vrouw zit. Dan moeten we berekenen op hoeveel manieren we een willekeurig aantal

mannen, $r = 1...N$, naast hun vrouwen kunnen plaatsen, ongeacht de plaatsing van de overige $N - r$ mannen. Dit aantal manieren noemen we $A(r)$. In de figuur hebben we een opeenvol-
ging van $2N$ plaatsen, die geteld worden vanaf de lege plaats
rechts naast vrouw 1. De lege plaats rechts naast vrouw i is in
de totale telling dan plaats $2i - 1$. Als op die plaats onbedoeld
man i gaat zitten, zetten we een 1 op die plaats. Evenzo gaat een
1 naar plaats $2i$ als man i op plaats $2i + 1$ (links van zijn vrouw)
gaat zitten. De overblijvende plaatsen vullen we op met nullen.
De configuraties die wij dus willen tellen zijn cirkelvormige
opeenvolgingen van $2N$ nullen en enen met precies r enen. De
enen staan dus voor de man-vrouwrelatie. Daarbij staan nooit
twee enen naast elkaar want:

    1   een man kan niet zowel links als rechts naast zijn eigen
vrouw zitten.

    2   als man i línks naast zijn echtgenote zit kan man $i + 1$ niet
réchts naast zijn vrouw zitten.

In figuur 27 is zo'n volgorde van nullen en enen aangegeven.

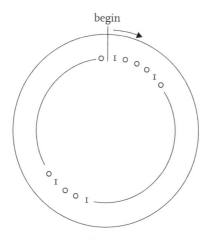

Figuur 27

We noemen A'(r) het aantal opeenvolgingen van enen en nullen die met een 1 beginnen, bijvoorbeeld 1001010... (r enen). Omdat een 1 altijd door een 0 wordt gevolgd kunnen we 10 als een enkel symbool beschouwen. Met de eerste 1 vastgeprikt op plaats 1 (en een 0 daarachter) moeten we dan nog r − 1 symbolen 10 kiezen uit 2N − r − 1 plaatsen.

Verklaring van 2N − r − 1: in eerste instantie kunnen de enen van de r − 1 symbolen 10 op 2N − 2 plaatsen worden gezet. Maar daarvan moet nog eens r − 1 worden afgetrokken omdat de enen niet op de plaats van een hen vergezellende 0 terecht kunnen komen. Het aantal beschikbare plaatsen wordt daarmee: 2N − 2 − (r − 1) = 2N − r − 1. Het aantal mogelijke keuzes wordt in dit geval dus:

$$\binom{2N-r-1}{r-1}$$

Verder noemen we A''(r) het aantal opeenvolgingen van enen en nullen die met een 0 beginnen. Dan moeten we r plaatsen voor enen (mannen) kiezen en omdat iedere 1 vergezeld gaat van een 0 kunnen we kiezen uit 2N − r plaatsen. Het aantal mogelijke keuzes is in dat geval:

$$\binom{2N-r}{r}$$

We zien:

$$A_r = A'_r + A''_r = \binom{2N-r-1}{r-1} + \binom{2N-r}{r} = \frac{2N}{2N-r}\binom{2N-r}{r}$$

Het principe van inclusie en exclusie geeft dan voor het aantal manieren waarop de mannen kunnen plaatsnemen zonder hun eigen vrouw als tafeldame te treffen:

$$\sum_{r=0}^{N} (-1)^r (N-r)! \binom{2N-r}{r} \frac{2N}{2N-r}$$

De overige mannen, die al of niet naast hun eigen vrouw zitten – hun aantal is N − r – kunnen nog willekeurig gepermuteerd hebben plaatsgenomen, vandaar de factor (N − r)! in het rechterlid van de voorafgaande formule. Het totale aantal schikkingen N_s verkrijgen we nu door de permutaties van de vrouwen in rekening te brengen:

$$N_s = N! \sum_{r=0}^{N} (-1)^r (N-r)! \binom{2N-r}{r} \frac{1}{2N-r}$$

BLACKJACK MET DOBBELSTENEN

In hoofdstuk 2 bespraken we de strategie die het beste resultaat oplevert bij 'Blackjack'-achtige werp- of kaartproblemen. Oplossingen voor vierzijdige en achtzijdige dobbelstenen werden besproken en een algebraïsche uitdrukking voor de 'werpgrens' werd afgeleid voor het algemene geval van een 2n-zijdige dobbelsteen.

Het gemiddelde werpresultaat voor deze 2n-zijdige dobbelsteen wordt nu hier afgeleid. Zoals eerder gaan we met p nog door met werpen maar stoppen bij p + 1 (en hoger!). Het gemiddelde resultaat, R, kunnen we nu vinden naar analogie met het voorbeeld voor n = 4:

$$R = \frac{1}{2}(2n-p)(2n+p+1)\left[\frac{1}{(2n)} + \frac{p}{(2n)^2} + \ldots + \frac{1}{(2n)^{p+1}}\right]$$

of:

$$R = \frac{1}{2}(2n-p)(2n+p+1) \sum_{i=1}^{p+1} \frac{\binom{p}{i-1}}{(2n)^i}$$

Deze reeks is de binomiale reeks uit appendix 1 en is te sommeren tot:

$$R = \left(\frac{1}{4n}\right)(2n-p)(2n+p+1)(1+\frac{1}{2n})^p$$

Het percentage van het maximaal te bereiken resultaat, $R/(2n)$, gaat in de limiet $n \to \infty$ naar $^1/_2$.

Ten slotte bepalen we nog het gemiddelde aantal worpen van het spel. p stelt weer de werpgrens voor die in hoofdstuk 2 al bepaald werd.

o, 1, ... , p: doorwerpen t/m p; p + 1, ... , 2n: stoppen.

Na p: gemiddelde aantal worpen nog 1.

Na p-1: gemiddeld aantal worpen

$$\left(1 - \frac{1}{2n}\right) \times 1 + \frac{1}{2n} \times 2 = 1 + \frac{1}{2n}$$

Na p − 2: gemiddeld aantal:

$$\left(1 - \frac{2}{2n}\right) \times 1 + \frac{1}{2n} \times \left(2 + \frac{1}{2n}\right) + \frac{1}{2n} \times 2 = 1 + \frac{2}{2n} + \frac{1}{(2n)^2}$$

Na p − 3: gemiddeld aantal:

$$1 + \frac{3}{2n} + \frac{3}{(2n)^2} + \frac{1}{(2n)^3}$$

We zien de driehoek van Pascal in de tellers verschijnen.

Na p − p (dus het begin!) is het gemiddeld aantal worpen:

$$1 + \frac{p}{2n} + ... + \frac{p}{(2n)^{p-1}} + \frac{1}{(2n)^p}$$

Dit is te schrijven als:

$$\sum_{i=0}^{p} \binom{p}{i} \times \left(\frac{1}{2n}\right)^i = \left(1 + \frac{1}{2n}\right)^p$$

HET TRIËL

Drie kinderen, Anneke (A), Bart (B) en Carla (C) spelen een spelletje op straat. Ze staan in een kring en proberen elkaar met een (zachte!) bal te raken. A begint met de bal naar B te gooien, dan gooit B naar C, dan C naar A, enzovoort. Maar wie door de bal wordt geraakt is af, zodat het oorspronkelijke 'triël' eindigt in een duel. Wie ongeraakt blijft is de winnaar. Bij gegeven constante trefkansen van A, B en C vraagt men naar de winstkansen van A, B en C en naar het gemiddelde aantal worpen dat het triël duurt (zie referentie 6). Elk triël gaat in een duel over. Maar dit onderdeel hebben we al in hoofdstuk 2 behandeld en de resultaten daarvan kunnen we hier gebruiken. Voor het triël nemen we aan dat A de bal naar B gooit met trefkans p. Verder gooit B de bal naar C met trefkans q en gooit C de bal naar A met trefkans r (zie figuur 28).

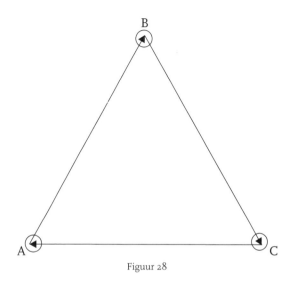

B

A   C

Figuur 28

A's winstkans als A (respectievelijk B en C) aan de beurt is noemen we P_1 (respectievelijk P_2 en P_3). B's winstkans als B (respectievelijk C en A) aan de beurt is noemen we P_4 (respectievelijk P_5 en P_6). C's winstkans als C (respectievelijk A en B) aan de beurt is noemen we P_7 (respectievelijk P_8 en P_9). Omdat na iedere worp het triël in een duel kan overgaan komen in de formules de winstkansen van A, B en C in een duel voor. We vinden:

$$P_1 = p \times \frac{p(1-r)}{p+r-pr} + (1-p) \times P_2$$

$$P_2 = q \times \frac{p}{p+q-pq} + (1-q) \times P_3$$

$$P_3 = (1-r) \times P_1$$

Na enige algebra volgen de oplossingen voor P_1, P_2 en P_3, uitgedrukt in p, q en r.

Voor de andere P's met onder-indices 4 t/m 9 volgen de oplossingen door cyclische verwisseling. Bijvoorbeeld volgt het stel P_4, P_5 en P_6 uit P_1, P_2 en P_3 door cyclische verwisseling p → q, q → r en r → p. De andere P's volgen op dezelfde wijze.

De gemiddelde duur van het triël als A (respectievelijk B en C) aan de beurt is noemen we N_A (respectievelijk N_B en N_C). Opnieuw kan van de resultaten van het duel gebruik worden gemaakt voor de berekening van de N's:

$$N_A = p \times (1 + \frac{2-r}{p+r-pr}) + (1 - p) \times (N_B + 1)$$

$$N_B = q \times (1 + \frac{2-p}{p+q-pq}) + (1 - q) \times (N_C + 1)$$

$$N_C = r \times (1 + \frac{2-q}{q+r-qr}) + (1 - r) \times (N_A + 1)$$

Tot besluit een getallenvoorbeeld:

We nemen weer $p = 3/4$, $q = 1/4$ en nemen aan dat C heel slecht kan mikken: $r = 1/10$. Dan worden de winstkansen:

$P_1 = 0,8553$	$P_4 = 0,0925$	$P_7 = 0,1326$
$P_2 = 0,8081$	$P_5 = 0,0977$	$P_8 = 0,1216$
$P_3 = 0,7697$	$P_6 = 0,0231$	$P_9 = 0,0994$

De gemiddelde aantallen worpen van de deelnemers aan het triël zijn dan: $N_A = 4,1791$, $N_B = 5,7824$ en $N_C = 5,2993$. We zien hier kwantitatief uitgedrukt wat we kwalitatief al vermoedden. Als de beste mikker begint duurt het triël het kortst. Als een zeer zwakke mikker begint duurt het triël ook betrekkelijk kort als hierna de beste mikker aan de beurt is. De matig goede mikker zorgt voor de langste duur van het triël.

4

Uitwerking van de opgaven
voor de lezer

1 Voor de verzameling van uitkomsten kiezen we S = {S(1),
   S(2), S(3)} waarin S(1) betekent dat Jan, Piet en Klaas drie
   verschillende resultaten werpen, S(2) betekent dat ze alle
   drie even hoog gooien, terwijl S(3) aangeeft dat twee van
   de drie werpers hetzelfde resultaat hebben en de derde een
   resultaat dat van de beide andere verschilt. Meer mogelijkheden zijn er niet. Nu is

   $$P(S(1)) = \text{}^5/6 \times \text{}^4/6 = \text{}^{20}/36$$
   $$P(S(2)) = \text{}^1/6 \times \text{}^1/6 = \text{}^1/36$$
   $$P(S(3)) = 1 - \text{}^{20}/36 - \text{}^1/36 = \text{}^{15}/36$$

   Omdat uit de werpers op drie manieren een paar is te kiezen, is de kans dat Jan en Piet even hoog gooien en Klaas
   anders gelijk aan $\text{}^1/3 \times P(S(3)) = \text{}^5/36$. Vanwege de symmetrie hoog/laag is de gevraagde kans dat Klaas in dit geval
   hoger gooit dan Jan en Piet gelijk aan $\text{}^1/2 \times \text{}^5/36 = \text{}^5/72$ of
   ongeveer 7%.

2 Onder de honderd zijn er twaalf getallen deelbaar door 8,
   terwijl er zeven getallen deelbaar zijn door 14, in totaal dus
   19. Maar 56, het kleinste gemene veelvoud van 8 en 14, is
   kleiner dan 100 en is dus dubbel geteld. Het echte totaal

van het aantal getallen dat zowel door 8 als door 14 deelbaar is, is dan $19 - 1 = 18$. De gezochte kans wordt daarmee $^{18}/_{99} = ^2/_{11}$.

De getallen 11 en 17 zijn onderling ondeelbaar en hun product is groter dan 100. Hier schuilt dus geen gevaar de aantallen veelvouden 9 en 5 dubbel te tellen. De kans op deelbaarheid door 11 of 17 komt uit op $^{14}/_{99}$.

3 Het maakt niet uit of Jan en Piet na elkaar of tegelijk een kaart kiezen (in het laatste geval natuurlijk twee verschillende). Vanwege de symmetrie is dan de kans dat Jan de hoogste kaart neemt even groot als de kans dat Piet de hoogste kaart neemt. De gevraagde kans is dus duidelijk $^1/_2$ en dat resultaat kunnen we ook met de productregel vinden.

Als Jan de 2 kiest is Piets kans op een hogere kaart gelijk aan 1. Heeft Jan de 3 dan wordt Piets kans $^7/_8$ (7 van de 8 overblijvende kaarten zijn hoger dan de 3), heeft Jan de 4 dan vermindert Piets kans tot $^6/_8$ enzovoort. Jans kans op elke kaart is $^1/_9$ en dus wordt Piets kans op een hogere kaart $^1/_9 \times (^8/_8 + ^7/_8 + ^6/_8 + ^5/_8 + ^4/_8 + ^3/_8 + ^2/_8 + ^1/_8) = ^1/_9 \times ^{36}/_8 = ^1/_2$.

4 De eerste graver op het strandfeest heeft een kans van 1 op 10, of 10%, om de schat te vinden. Voor de tweede graver zijn er twee mogelijkheden: of de schat is al gevonden (kans $^1/_{10}$) en dan is zijn kans 0, of de schat is nog niet gevonden (kans $^9/_{10}$) en dan wordt de kans $^1/_9$. Zijn totale kans is dus $^1/_{10} \times 0 + ^9/_{10} \times ^1/_9$.

De kans van de tweede graver om de schat te vinden is dus eveneens 10% en op dezelfde manier vindt men dat dat percentage ook voor alle volgende gravers geldt. Het eindresultaat wordt triviaal als men bedenkt dat het ook hier niet uitmaakt of men na elkaar of tegelijk aan het graven gaat! Het resultaat betekent tevens dat degene die het laatste mag graven het beste uit is: hij hoeft zich waarschijnlijk niet in te spannen en als dat wel het geval is, is hij ook met zekerheid de triomfantelijke winnaar.

5   Eerst merken we iets op waardoor we van de vier gestelde
    vragen er maar twee hoeven te beantwoorden. Er zijn even-
    veel mannen als vrouwen (drie) zodat de situatie bij het
    aanwijzen symmetrisch is ten aanzien van mannen en
    vrouwen. De kans dat er drie mannen gekozen worden is
    even groot als de kans dat er drie vrouwen gekozen wor-
    den. Bovendien is de keuze van twee mannen en één
    vrouw even groot als de keuze van twee vrouwen en één
    man.

    Hoe groot is nu de kans dat er drie mannen worden
    aangewezen? Eerst zijn er bij zes personen drie mannen,
    dus de kans dat de eerste aangewezene een man is, is $3/6$.
    Daarna zijn er nog vijf personen over, waaronder twee
    mannen. De kans dat de tweede aangewezene ook een
    man is, is dus $2/5$. Over blijft één man op vier personen,
    kans op een derde man $1/4$. De totale kans op drie aange-
    wezen mannen is dan volgens de productregel:
    $3/6 \times 2/5 \times 1/4 = 1/20$, of 5%.

    Ten slotte bepalen we de kans dat twee mannen en één
    vrouw worden aangewezen. Met precies dezelfde soort
    redenering als boven vinden we voor de kans dat de eerste
    twee aangewezen personen mannen zijn en de derde een
    vrouw: $3/6 \times 2/5 \times 3/4 = 3/20$, of 15%. Maar de vrouw kan ook
    als eerste of als tweede worden aangewezen, zodat de to-
    tale kans op twee mannen en één vrouw $3 \times 15\% = 45\%$
    wordt. In overeenstemming met de symmetrie zijn de twee
    gevonden kansen samen 50%.

6   Om de kans op drie aaneengesloten kamers te vinden
    moeten we eerst het aantal manieren vinden waarop drie
    kamers kunnen worden aangewezen. Dit aantal is niets an-
    ders dan de combinatiecoëfficiënt $\binom{9}{3} = 84$. Dan moeten
    we nog bepalen wat het aantal manieren is om drie
    aaneengesloten kamers in het diagram aan te brengen (zie
    figuur 29). Er zijn twee vormen van drie aaneengesloten
    kamers:

    1   Drie kamers op een rij. Die kan men op zes manieren

inpassen: drie horizontaal en drie verticaal.

2 Twee kamers op een rij en de derde naast een van deze beide. Deze figuur van drie kamers heeft vier oriëntaties die door draaien in elkaar overgaan.

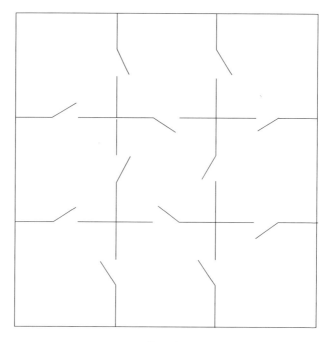

Figuur 29

Iedere oriëntatie kan op vier manieren worden ingepast. Dat levert een totaal van zestien mogelijke inpassingen.

Er zijn dus $16 + 6 = 22$ manieren om drie aaneengesloten kamers te kiezen. Conclusie: de huurder heeft een kans van $^{22}/_{84} = {}^{11}/_{42}$ om drie aaneengesloten kamers toegewezen te krijgen.

7 Het percentage zieke dieren dat men vindt is volgens de definitie niets anders dan P(E) en is dus 10,8%! De relatie-

ve onbetrouwbaarheid van de test uit zich in een veel te hoog percentage zieke dieren, dat immers slechts 1% is.

8 Als we de gevraagde betrouwbaarheid x noemen geeft het theorema van Bayes:

$$0,99 = \frac{0,01}{P(E)} \, x$$

De hulpregel voor P(E) leidt tot:

$$P(E) = 0,01 \, x + (1 - x) \times 0,99$$

Uit deze twee vergelijkingen zijn x en P(E) te bepalen. De betrouwbaarheid x blijkt 99,99% te moeten zijn, een zware eis! Verder vinden we voor P(E) de waarde 1,0098%. Dit is zeer bevredigend want de afwijking van de echte waarde, 1%, is gering.

9 Om het aantal getallen onder de 300 te bepalen dat niet deelbaar is door de getallen 2 t/m 10 hoeven wij alleen de priemgetallen 2, 3, 5 en 7 in aanmerking te nemen want een getal dat niet deelbaar is door bijvoorbeeld 4 is ook niet deelbaar door 2. We bepalen nu eerst de aantallen getallen onder de 300 die wel deelbaar zijn door 2, 3, 5, 7 en door de producten van die vier getallen.

Aantal deelbaar door 2: 149; door 3: 99; door 5: 59; door 7: 42

Totale aantal 349.

Aantal deelbaar door 2 en 3: 49; door 2 en 5: 29; door 2 en 7: 21; door 3 en 5: 19; door 3 en 7: 14; door 5 en 7: 8

Totale aantal 140.

Aantal deelbaar door 2, 3 en 5: 9; door 2, 3 en 7: 7; door 2, 5 en 7: 4; door 3, 5 en 7: 2.

Totale aantal 22.

Aantal deelbaar door 2, 3, 5 en 7: 1.

Met het principe van inclusie en exclusie vinden wij dan voor het gevraagde aantal getallen: 299 − 349 + 140 − 22 + 1 = 69. De kans dat een willekeurig gekozen getal onder de 300 niet deelbaar is door 2, 3, 5 of 7 is dus $^{69}/_{299}$ of iets meer dan 23%.

10 De kans driemaal hetzelfde – vooraf afgesproken – aantal ogen achter elkaar binnen n worpen te gooien met een gewone dobbelsteen kan weer worden bepaald met behulp van een recursieformule, P(n).

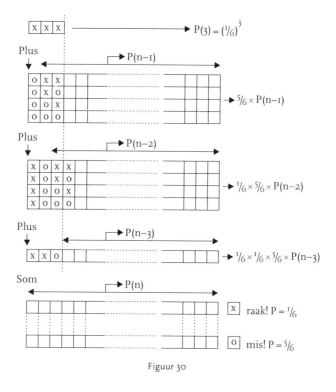

Figuur 30

De formule komt tot stand op dezelfde manier als in hoofdstuk 2 onder 'Het gebruik van één dobbelsteen' werd gedemonstreerd voor *twee dezelfde* opvolgende werpresultaten binnen n worpen. Het schema voor *de kans op drie gelijke opvolgende werpresultaten* binnen n worpen is getoond in figuur 30. De afleiding van de recursieformule volgt uit de figuur. De recursieformule voor dit geval – wat algemener aangeduid als $P_3(n)$ – wordt dan:

$$P_3(n) = \frac{5}{6} \times P_3(n-1) + \frac{1}{6} \times \frac{5}{6} P_3(n-2) + (\frac{1}{6})^2 \times$$

$$\frac{5}{6} P_3(n-3) + (\frac{1}{6})^3$$

Natuurlijk zijn de termen $P_3(n)$ voor $n < 3$ gelijk aan nul.

11 Vraag aan de lezer was: hoe lang moet men gemiddeld met een dobbelsteen werpen tot twee achtereenvolgende worpen een bepaald verschil (0, 1, ..., 5) hebben getoond? Als voorbeeld laten we de oplossing zien voor een verschil van 2 en noemen het gevraagde aantal worpen x. Het gemiddelde aantal worpen dat nog nodig is na het werpen van een 1 noemen we y. Omdat er maar één verschil van 2 kan ontstaan is het gemiddelde aantal benodigde worpen na het werpen van een 2, een 5 of een 6 eveneens y. Het vereiste gemiddelde aantal worpen na het werpen van een 3 (of een 4) noemen we z. Dan geeft de KAF ons de volgende vergelijkingen:

$$x = \frac{2}{3} \times y + \frac{1}{3} \times z + 1$$

$$y = \frac{2}{3} \times y + \frac{1}{6} \times z + 1$$

$$z = \frac{1}{3} \times y + \frac{1}{3} \times z + 1$$

Uit de tweede en de derde vergelijking volgt $y = 5$ en $z = 4$. Als we dat invullen in de eerste vergelijking vinden we de oplossing $x = 5^2/_3$. Voor de andere verschillen tussen opvolgende worpen gaat de oplossing op dezelfde manier.

12 Het beste is één witte bal in de ene zak te doen en de overige 199 ballen in de andere zak. De kans op redding wordt daarmee: $^1/_2 \times 1 + {}^1/_2 \times {}^{99}/_{199} = {}^{149}/_{199}$, of ongeveer 75%.

13 Voor N = 1 (één witte bal en één zwarte bal) kan met de KAF eenvoudig een oplossing voor het aantal overbrengingen worden gevonden. Voor N = 2 (twee wit, twee zwart) is de oplossing met de KAF nog redelijk te overzien. Men kan vier lineaire vergelijkingen met vier onbekenden opzetten. Stel x is het gezochte gemiddelde aantal overbrengingen bij het begin. y is het gemiddelde aantal nog nodig bij één zwarte en één witte bal in de linkerzak, q bij zwart-zwart links en p bij wit-wit-zwart rechts (zie het schema in figuur 31).

schema overbrengingen

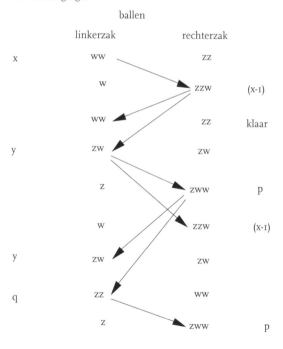

Figuur 31

De vier vergelijkingen zijn dan de volgende:

$$x - 1 = \frac{1}{3} \times 1 + \frac{2}{3}(1 + y) \tag{1}$$

$$y = \frac{1}{2}(1 + p) + \frac{1}{2}[1 + (x - 1)] \tag{2}$$

$$p = \frac{2}{3}(1 + y) + \frac{1}{3}(1 + q) \tag{3}$$

$$q = 1 + p \tag{4}$$

Vanuit zzw is de kans op snelle beëindiging (ww-zz) $^1/_3$, de eerste term in (1). De tweede term wordt gegeven door de $^2/_3$-kans een zwarte bal naar links te transporteren waarbij een y-toestand (z-w) wordt bereikt. Dit levert de term $^2/_3(1 + y)$. De overige vergelijkingen kunnen op een dergelijke manier worden verklaard. De gevraagde oplossing is: $x = 12$.

14 De kans om de eerste keer goud te zien is natuurlijk $^1/_2$, maar we moeten twee gevallen onderscheiden: in het kastje met de gouden en de zilveren munt kan de gouden munt zich in de bovenste lade bevinden (geval 1) en de gouden munt kan zich in de onderste lade bevinden (geval 2). We nemen aan dat beide gevallen even waarschijnlijk zijn.

Geval 1: de kans op de eerste maal goud zien is $^2/_3$ en de kans op de tweede maal zilver zien is ook $^2/_3$. De productregel zegt dan dat de kans op goud gevolgd door zilver $^2/_3 \times ^2/_3 = ^4/_9$ is.

Geval 2: kans op eerst goud is nu $^1/_3$ en de kans op zilver zien daarna is eveneens $^1/_3$. De kans op goud gevolgd door zilver wordt dan $^1/_3 \times ^1/_3 = ^1/_9$. Middeling van de kansen geeft de gevraagde oplossing $^1/_2 \times (^4/_9 + ^1/_9) = ^5/_{18}$.

Opmerking

De kans op eerst zilver en dan goud zien is vanwege de symmetrie ook $^5/_{18}$. De kans op tweemaal goud (of tweemaal zilver) zien wordt dan $4/18$ en is dus kleiner dan de kans op het vinden van twee verschillend gekleurde munten! Dit verschil valt weg als de drie kastjes tussentijds niet alleen mogen worden verplaatst maar ook ondersteboven gezet.

15 Stel er zijn n deuren. De kans op het niet winnen van de auto als men niet switcht blijft $1 - 1/n$. Bij switchen wordt de kans $(n-1)/n$ om de auto achter een van de deuren 2, 3, ..., n aan te treffen nu verdeeld over $n-2$ deuren. De kans op het winnen van de auto wordt daarmee: $(n-1)/n(n-2)$. Volgens het gegeven is dan: $(n-1)/n = 3 \times (n-1)/n(n-2)$. Hieruit volgt dat het aantal deuren n gelijk is aan 5.

16 De kans om elkaar in de eerste ronde te treffen is opnieuw $1/7$. De kans op doorgang naar de halve finale is echter veranderd. Nodig is dat beide spelers hun eerste partij winnen als zij niet tegen elkaar spelen. De kans hierop is: $6/7 \times 1/2 \times 1/2 = 3/14$. Eenmaal in de halve finale is de kans elkaar weer te ontmoeten $1/3$. De gevraagde kans wordt hiermee: $1/7 + 3/14 \times 1/3 = 3/14$. Dit is ca. 21,4%.

17 Weerstations 1 en 2 zijn het met elkaar eens (mooi weer), weerstation 3 is het met die beide oneens (regenweer). Er zijn nu weer twee mogelijkheden:

Eerste mogelijkheid: weerstations 1 en 2 voorspellen goed en de derde dus fout. De kans hierop is 0,25 × 0,75 × 0,60 = 0,1125 (11,25%). Dan wordt het een zonnige dag.

Tweede mogelijkheid: weerstations 1 en 2 hebben het mis en weerstation 3 doet het goed. Hierop is een kans van 0,75 × 0,25 × 0,40 = 0,075 (7,5%). Dan gaat het regenen. De kans op een zonnige dag wordt dus $11,25/18,75 = 0,60$ (60%).

5

Appendices

De in wiskundig opzicht moeilijkste delen van het boek staan in de hierna volgende appendices. Toch moest ook in de hoofd-tekst van het boek een beetje wiskunde worden gebruikt. Deze wordt hier enigszins verduidelijkt.

a Het begrip faculteit
De natuurlijke getallen zijn de gehele getallen 1, 2, 3 en groter. Het product van de eerste n natuurlijke getallen 1, 2, 3, ..., n schrijft men als n! en het moet uitgesproken worden als 'n fa-culteit'. Zo is 5! = 120.

b Het (irrationale) getal e
Het getal e met begincijfers 2,7182... is het grondtal van de na-tuurlijke logaritmen. De naam e werd geïntroduceerd door Eu-ler, die bewees dat e de limiet is van:

$$(1 + \frac{1}{x})^x$$

als x naar oneindig gaat.

Euler was een Zwitsers wiskundige van groot formaat (1707-1783). Inwoner van Königsberg, toneel van een beroemde topologische bruggenpuzzel. Hoogleraar in Sint-Petersburg.

Newton (1642-1727), een van de grootste natuurkundigen en wiskundigen aller tijden, onder meer hoogleraar te Cambridge, heeft in 1665 aangetoond dat:

$$e = 1 + x + \frac{x^2}{2!} + \frac{x^3}{3!} + \ldots = \sum_{n=0}^{\infty} \frac{x^n}{n!}$$

zodat:

$$e = 1 + 1 + \frac{1}{2!} + \frac{1}{3!} + \ldots,$$

een reeks die snel convergeert naar 2,7182...

c Permutaties en combinaties

Drie voorwerpen kunnen op zes manieren op een rij worden gezet. Duiden we de voorwerpen met de getallen 1, 2 en 3 aan, dan zijn de mogelijkheden 123, 132, 213, 231, 312 en 321. Men noemt dit de zes permutaties van de getallen 1, 2 en 3. Heeft men de getallen 1 t/m n, dan kan men de eerste plaats op n manieren bezetten, de tweede plaats nog maar op n − 1 manieren, zodat men voor de eerste twee plaatsen n(n − 1) mogelijke bezettingen heeft. Zo doorredenerend ziet men dat het aantal permutaties van n voorwerpen of getallen gelijk is aan:

$$n(n - 1)(n - 2) \ldots 1 = n!$$

(zie *a*). Heeft men n voorwerpen, dan kan men de vraag stellen op hoeveel verschillende manieren men i voorwerpen uit deze n kan kiezen. Men noemt dit aantal het aantal combinaties van i uit n. Het eerste voorwerp kan op n manieren worden gekozen, het tweede op n − 1 manieren enzovoort. Het laatste (i-de) voorwerp kan dan nog op n − i + 1 manieren worden gekozen. Het totale aantal verschillende manieren van kiezen wordt dan:

$$n(n - 1)(n - 2) \ldots (n - i + 1) = \frac{n(n-1) \ldots 1}{(n-i)(n-i-1) \ldots 1} = \frac{n!}{(n-i)!}$$

(zie *a*). Maar er wordt aangenomen dat de volgorde waarin de i voorwerpen worden gekozen er niet toe doet. We moeten dus nog delen door het aantal permutaties van i voorwerpen, hetgeen volgens het bovenstaande i! is. Zo vinden we dat het aantal combinaties van i uit n gelijk is aan:

$$\frac{n!}{i!(n-i)!}$$

Men kort dit af tot:

$$\binom{n}{i}$$

Merk op dat

$$\binom{n}{i} = \binom{n}{n-i}$$

Ten slotte een benadering voor n!. Dit is de formule van Stirling, die relatief steeds nauwkeuriger wordt naarmate n groter is maar niet in absolute mate. De benadering luidt:

$$n! \approx n^n e^{-n} \sqrt{2\pi n}$$

d   De binomiale reeks en de driehoek van Pascal
Als we de machten van x + y bepalen krijgen wij achtereenvolgens

$$(x + y)^0 = 1$$
$$(x + y)^1 = x + y$$
$$(x + y)^2 = x^2 + 2xy + y^2$$
$$(x + y)^3 = x^3 + 3x^2y + 3xy^2 + y^3 \text{ enzovoort}$$

Deze machten van een tweeterm noemt men een binomium. De coëfficiënten van de termen in de rechterleden zijn te rangschikken in een driehoekige vorm:

$$
\begin{array}{c}
1 \\
1\ 1 \\
1\ 2\ 1 \\
1\ 3\ 3\ 1 \\
1\ 4\ 6\ 4\ 1 \\
\text{enzovoort}
\end{array}
$$

Elk getal in de driehoek is de som van de twee getallen die er schuin boven staan, terwijl de flanken worden gevormd door enen. De driehoek is genoemd naar Pascal. Het i-de getal in de n-de rij is gelijk aan:

$$
\binom{n-1}{i-1}
$$

De enen hierin worden veroorzaakt door het feit dat de 1 aan de top de nulde macht van x+y is. We kunnen nu ook algemeen schrijven:

$$
(x + y)^n = \sum_{i=0}^{n} \binom{n}{i} x^{n-i} y^i
$$

Dit heet de binomiaalreeks van Newton.

APPENDIX 2
WISKUNDIGE ANALYSE BIJ
DOBBELSTEENPUZZEL *A* IN HOOFDSTUK 2

De kans $P(i)$ op een 6 bij de i-de worp is $1/6$ maal de kans dat de 6 tijdens de voorafgaande $i-1$ worpen niet is verschenen, met andere woorden:

$$
P(i) = \frac{1}{6} \left(\frac{5}{6} \right)^{i-1}
$$

Dus:

$$
D = \sum_{i=1}^{\infty} i\, \frac{5^{i-1}}{6^i} = \frac{1}{5} \sum_{i=1}^{\infty} i\, \left(\frac{5}{6} \right)^i
$$

Nu is voor de meetkundige reeks:

$$\sum_{n=1}^{\infty} r^n = \frac{r}{1-r} = F(r)$$

Differentiëren naar r geeft:

$$F'(r) = \sum_{n=1}^{\infty} nr^{n-1} = \frac{1}{(1-r)^2}$$

Dus:

$$\sum_{n=1}^{\infty} nr^n = \frac{r}{(1-r)^2}$$

Dit leidt ten slotte tot:

$$D = \frac{1}{5} \; \frac{5/6}{(1/6)^2} = 6$$

APPENDIX 3
WISKUNDIGE ANALYSES BIJ DE PUZZELS OVER DE RANDOMGENERATOR IN HOOFDSTUK 2

1   Een quasi-continue randomgenerator kiest een rij getallen op het interval [0,1].

a   Zolang een gekozen getal groter is dan het voorgaande getal gaat de randomgenerator door met kiezen. Hij stopt als het getal kleiner is dan het voorgaande. Wat is de gemiddelde lengte van zo'n stijgende reeks getallen?

We voeren een hulpfunctie f(s) in met s als een lopende variabele op het interval [0,1]. f(s) is het gemiddelde aantal getalkeuzen dat de randomgenerator nog maakt nádat hij (stijgend) de keuze s heeft gemaakt. We weten over f(s) dat f(1) = 0. Stel dat de randomgenerator het getal s heeft gekozen. Een volgende keuze kleiner dan s is fout, de kans daarop is gelijk aan s. Een volgende keuze groter dan s is goed. Met de KAF vinden we dan:

$$f(s) = s \times 0 + \int_s^1 \{1 + f(t)\}dt = 1 - s + \int_s^1 f(t)dt$$

Differentiëren links en rechts naar s geeft:

$$f'(s) + f(s) = -1$$

Met gebruikmaking van de randvoorwaarde $f(1) = 0$ heeft de differentiaalvergelijking als oplossing:

$$f(s) = e^{1-s} - 1$$

Voor het bepalen van de gemiddelde lengte N is van belang dat de eerste keuze vríj is. Na de keuze s volgen nog f(s) keuzen, dus het gevraagde gemiddelde vindt men door integreren over s:

$$N = 1 + \int_0^1 f(s)ds = 1 + \int_0^1 \{e^{1-s} - 1\}ds = e - 1 \approx 1{,}71828$$

b   Wederom kiest een randomgenerator een rij getallen op het interval [0,1]. Ditmaal gaat de randomgenerator door zolang beurtelings een getal groter of kleiner is dan het voorgaande gekozen getal.

Voorbeeld van zo'n reeks: 0,33-0,79-0,16-0,25-0,22-0,98 enzovoort. We spreken van een *alternerende* reeks, a_i, met de eigenschap dat als $a_{i+1} >< a_i$, dan $a_{i+1} >< a_{i+2}$; $i = 1, 2, 3, \ldots$ Het eerste niet meer alternerende getal wordt niet meer beschouwd en het aantal getallen in de reeks, N, wordt bepaald. Gevraagd wordt de gemiddelde waarde van N wanneer deze procedure zeer vaak wordt herhaald.

OPLOSSING

Er worden twee hulpfuncties f(s) en g(s) ingevoerd, waarin s weer de lopende variabele op het interval [0,1] is. f(s) is het gemiddelde aantal getalkeuzen dat de randomgenerator nog maakt wanneer hij *stijgend* de keuze s heeft gemaakt. g(s) is het gemiddelde aantal getalkeuzen dat de randomgenerator nog maakt nadat hij *dalend* de keuze s heeft gemaakt. De symmetrie van de situatie geeft de relatie (1):

$$g(s) = f(1 - s) \tag{1}$$

Stel de randomgenerator kiest met een stijging het getal s. Een volgende keuze > s is dan verkeerd, kans $1 - s$. De volgende keuze < s is goed, kans hierop is s. Het gemiddelde aantal goede keuzen dat daarmee nog volgt op s is afhankelijk van het gekozen getal t < s, en wel gelijk aan 1 (de keuze t) plus g(t) [per definitie van g(t)]. Dus volgens de KAF is:

$$f(s) = \int_0^s \{1 + g(t)\} dt \tag{2}$$

Differentiatie naar s geeft:

$$f'(s) = 1 + g(s) = 1 + f(1 - s) \tag{3}$$

(3) differentiëren naar s en gebruikmaken van (1) en (3), geeft:

$$f''(s) + f(s) = -1$$

De oplossing van deze differentiaalvergelijking luidt:

$$f(s) = A\sin s + B\cos s - 1$$

Gebruikmaken van (2) en (3) levert de constanten A en B:

$$A = \frac{1 + \sin 1}{\cos 1}$$

$$B = 1$$

zodat
$$f(s) = \frac{1 + \sin 1}{\cos 1} \sin s + \cos s - 1 \tag{4}$$

$$g(s) = \frac{1 + \sin 1}{\cos 1} \cos s - \sin s - 1$$

Voor het bepalen van $\overline{N}$ is van belang dat de eerste keuze vrij is op s, dus integreren over s van 0 tot 1, en dat de tweede keuze ook nog altijd goed is maar afhankelijk van s. Volgens de definities van f(s) en g(s) is dus:

$$\overline{N} = 2 + \int\limits_{0}^{1} \{ \int\limits_{0}^{s} g(t)dt + \int\limits_{s}^{1} f(t)dt \}ds \qquad (5)$$

Met (1), (2), (3) en invulling van (4) volgt uit (5) de gevraagde gemiddelde waarde van N:

$$\overline{N} = \frac{2 + 2\ \sin 1 - 3\ \cos 1}{\cos 1} \approx 3{,}8164469$$

2 Een randomgenerator kiest 2 getallen op het interval [0,1].
a Wat is de kans dat het verschil van de 2 getallen kleiner is dan een vooraf gekozen getal v < 1?

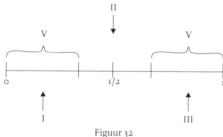

Figuur 32

OPLOSSING (FIGUUR 32)

Eerste geval: v < 1/2. Het eerste getal noemen we s, het kan in 3 gebieden liggen, gebied I, met 0 < s < v, gebied II, met v < s < 1-v en gebied III met 1 −v < s < 1. In het gebied I is de kans dat het tweede getal hoogstens v van s verschilt gelijk aan s + v; met s in de gebieden II en III zijn die kansen 2v respectievelijk 1 − s + v. Omdat de kansen hier afhankelijk zijn van de continue variabele s moeten we bij de middeling der kansen onze toevlucht nemen tot integreren. De totale kans op een verschil kleiner dan v wordt dan:

$$P(<v) = \int\limits_{0}^{v} (s + v)ds + \int\limits_{v}^{1-v} 2vds + \int\limits_{1-v}^{1} (1 - s + v)ds$$

Na uitwerken van de integralen vinden we:

$$P(<v) = v(2 - v) \qquad (6)$$

Tweede geval: $v > 1/2$

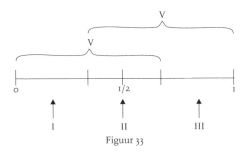

Figuur 33

Opnieuw kan s in drie gebieden liggen: gebied I met $0 < s < 1 - v$, gebied II met $1 - v < s < v$ en gebied III met $v < s < 1$. (Zie figuur 33.) De kansen dat het tweede getal hoogstens v van s verwijderd is, zijn respectievelijk $s + v$, 1 en $1 - s + v$. De totale kans op een verschil kleiner dan v wordt nu:

$$P(<v) = \int_0^{1-v} (s + v)ds + \int_{1-v}^{v} ds + \int_v^{1} (1 - s + v)ds$$

Integratie levert opnieuw $P(< v) = v(2 - v)$. Het eindantwoord wordt dus door formule (6) gegeven. Gevolgen: formule (6) voldoet aan de vanzelfsprekende eisen $P(< 0) = 0$ en $P(< 1) = 1$.

Verder vinden we onmiddellijk de kans dat de twee getallen een verschil gróter dan v hebben:

$$P(>v) = 1 - P(<v) = (1 - v)^2 \tag{7}$$

De beide uitkomsten (6) en (7) kan men zich denken af te stammen van een functie $F(w)$, op de volgende wijze:

$$P(<v) = \int_0^{v} F(w)dw$$

$$P(>v) = \int_v^{1} F(w)dw$$

Men vindt eenvoudig: $F(w) = 2(1 - w)$.

b Wat is het gemiddelde verschil tussen de twee door de randomgenerator gekozen getallen?

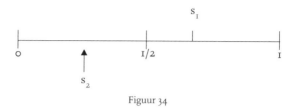

Figuur 34

Het willekeurige eerste getal noemen we s_1 en het wordt ergens op het interval neergezet. Er wordt later over alle posities van s_1 tussen 0 en 1 gemiddeld. Dan wordt het tweede getal s_2 toegevoegd op het interval. Er wordt eerst gemiddeld over s_2, maar als $s_2 < s_1$ is het verschil tussen de getallen $s_1 - s_2$ terwijl voor $s_2 > s_1$ het verschil tussen de getallen $s_2 - s_1$ is. Met deze toelichting zullen de twee middelingsintegraties wel goed te begrijpen zijn. Het gemiddelde verschil wordt dan:

$$\bar{v} = \int_0^1 ds_1 [\int_0^{s_1} (s_1 - s_2) ds_2 + \int_{s_1}^1 (s_2 - s_1) ds_2] = \frac{1}{3}$$

Terwijl het gemiddelde verschil tussen de twee getallen $^1/_3$ is, is de kans dat het verschil kleiner dan $^1/_3$ is volgens de formule in *a*) gelijk aan $^5/_9$. De kans op een groter verschil dan $^1/_3$ is dan dus $^4/_9$.

APPENDIX 4
DE INTEGRATIE BIJ HET STOKBREEKPROBLEEM IN HOOFDSTUK 2

De kans op het leggen van een driehoek is:

$$2 \int_{1/2}^1 \frac{1 - L}{L} dL = 2(\ln L - L)\big|_{1/2}^1 = 2(\ln 2 - \frac{1}{2}) = 2\ln 2 - 1$$

$$\approx 0,3862944$$

Nawoord

Het oplossen van problemen uit de kansrekening en het omgaan met statistieken blijft, ook voor deskundigen, lastig. Veel antwoorden op vragen lijken in te druisen tegen de menselijke intuïtie. Zoals we gezien hebben zijn vooral beschouwingen die berusten op de statistiek van Bayes verraderlijk. De auteurs hopen met dit boek de lezer wat meer vertrouwd te hebben gemaakt met de logische betoogtrant die men bij vraagstukken over de kansrekening moet gebruiken. In ieder geval is de kans dat een lezer bij een quiz een auto in de wacht kan slepen gemiddeld aanzienlijk gestegen...

Woord van dank

Wij bedanken Henk Wind voor het bijdragen van twee puzzels en zijn ondersteunende computerberekeningen. Tevens zijn wij Ties Weenink erkentelijk voor zijn kritisch commentaar na doorlezing van het manuscript. Ook dank aan onze echtgenoten die vele uren van alleenzijn bij de voorbereiding van dit boek blijmoedig aanvaard hebben.

Wouter Schuurman en Hans de Kluiver